Springer-Verlag Berlin Heidelberg GmbH

Ueber Formen und Abarten

heimischer Waldbäume

von

Dr. M. Kienitz,
Assistent an der Forstakademie zu Münden.

Mit 4 lithographirten Tafeln.

Springer-Verlag Berlin Heidelberg GmbH 1879

ISBN 978-3-662-39126-6 ISBN 978-3-662-40109-5 (eBook)
DOI 10.1007/978-3-662-40109-5

Vorwort.

Die folgende Abhandlung bringt die ersten Ergebnisse vergleichender Keim= und Cultur=Versuche, welche in den Räumen und im Garten der Forstakademie Münden vor nicht langer Zeit begonnen wurden. Da die Samen zu den Aus=saaten aus den verschiedensten Lagen und Gegenden Mitteleuropa's, unter genauer Angabe der Herkunft und der den Mutterbäumen gebotenen Lebensbedingungen bezogen werden mußten, wurde die Ausführung der Versuche überhaupt nur da=durch ermöglicht, daß eine große Anzahl von Männern den regsten Antheil an denselben bewies und durch Uebersendung der sorgfältig gesammelten Baumfrüchte die Mitarbeit übernahm.

Die ersten gewonnenen Ergebnisse wurden in vorliegender Form in der „Forstlichen Zeitschrift" des Herrn Oberforstmeister Bernhardt veröffentlicht. Wie aus den Tabellen in diesem Aufsatz ersichtlich, ist aber der Umkreis, aus welchem die Früchte eingesandt wurden, ein viel größerer, als es der der gleichmäßigen Verbreitung genannter Zeitschrift sein kann, auch ist der Gegenstand ein derartiger, daß er ebenso die Botaniker wie die Forstmänner angeht. Auf Anregung und Veranlassung des Herrn Verlegers, welcher an der Ausstattung des Aufsatzes weder Mühe noch Kosten gespart hat, wurde deshalb die kleine Schrift noch als Separat=Abdruck ausgegeben.

Wir hoffen, daß hierdurch eine weitere Verbreitung des Aufsatzes ermöglicht, und daß in dem weiten Kreise, in welchem sich das Interesse für die hiesigen

Versuche schon vor Beginn derselben rege erwiesen hat, der Antheil bewahrt werden möge; denn Fragen, wie die hier behandelten es sind, können nur durch die thätige Hülfe zahlreicher Mitarbeiter ihrer Lösung entgegen geführt werden.

Münden, Juni 1879.

Dr. M. Kienitz.

Inhalts-Uebersicht.

Seite

Ueber Formen und Abarten heimischer Waldbäume.

So lange von den Naturforschern die Lehre aufrecht erhalten wurde, daß die Arten der jetzt lebenden Wesen, welche von ihnen unterschieden werden, von Anbeginn erschaffen seien und im Wesentlichen unverändert ihre Eigenschaften auf die Nachkommen vererben, mußte es unwillkommen sein, daß überall Formen sich fanden, die durch gewisse Abweichungen dieser Unterordnung unter schon festgestellte Artbegriffe Schwierigkeiten entgegenstellten, deren Verschiedenheiten jedoch nicht so bedeutend waren, daß man zur Bildung einer neuen Art aus denselben sich berechtigt halten konnte. Jedem Forscher indeß, der dem Dogma von der Constanz der Art nicht unbedingt huldigte, mußten diese von den Arten abweichenden Formen sehr wichtig erscheinen, und sie haben namentlich jetzt Bedeutung erlangt, wo jene Annahme, nachdem sie schon mehrfach vorher bekämpft worden war, durch Charles Darwin gründlich erschüttert wurde. In seinem weltbekannten Werk „Ueber die Entstehung der Arten durch natürliche Zuchtwahl, oder die Erhaltung der begünstigten Rassen im Kampfe um's Dasein" wies er bekanntlich nach, wie die unbedeutenden Verschiedenheiten der einzelnen Individuen im Laufe der Generationen allmälig sich vergrößern können und müssen, wie aus den Formen Varietäten, aus diesen endlich neue Arten entstehen können. Doch lange ehe die Wissenschaft sich um diese Vorgänge bekümmerte, hatte die Praxis Vortheil aus der Veränderlichkeit der Art gezogen. Schon früh war der Mensch gezwungen, um sein Dasein in den mehr und mehr sich bevölkernden Ländern zu ermöglichen, von dem Boden und seinen Erzeugnissen mehr zu verlangen als er ihm freiwillig bot. Er begünstigte und pflegte die Pflanzen und Thiere, die ihm seinen Lebensunterhalt gewährten, und vertilgte die ihm unnützen. Doch mehr, er mußte bald erkennen, daß die eine oder andere der angebauten Pflanzen mehr oder größere Frucht trug als die andere, er säte die Samen jener aus und verbrauchte die übrigen, er erzeugte durch dieses Verfahren allmälig Pflanzenformen, die durchaus von der Urform abwichen. Thatsächlich kennt man von nur wenigen der alten Culturpflanzen diese Urform, die doch wahrscheinlich noch irgendwo auf unbebauten Bergen wohnt; wenn man dieselbe aber zufällig kennt, so ist die cultivirte Form gewöhnlich derart von der wilden abgewichen, daß man beide mit Recht verschiedene Arten nennen könnte, und unter allen Agriculturgewächsen ist wohl kein einziges, das noch vollkommen der wilden Form ähnlich ist. Noch weiter gegangen als der Landwirth sind der Gärtner und der Thierzüchter. All diese Verhältnisse sind zu vielfach besprochen, als daß hier näher auf dieselben eingegangen werden könnte, doch fragen wir nun, wie weit ist der Forstmann auf diesem Gebiet vorgeschritten, der doch auch mit der Pflanzencultur zu thun hat, so müssen wir eingestehen, daß derselbe am weitesten hierin zurück ist. Seine Thätigkeit in dieser bestimmten Richtung beschränkt sich darauf, daß er die Samen aussät, die jungen Pflänzchen im Nothfall noch schützt und pflegt, später die unterdrückten Stämme entfernt, im Uebrigen aber den Bestand sich selbst überläßt.

Es lassen sich mehrere Gründe dafür auffinden, weshalb die Forstwirthschaft auf dem Gebiete der Züchtung so weit zurück geblieben ist. Der schwerwiegendste war bisher der Mangel des dringenden Bedürfnisses. Während die übrigen Züchter an ihren Objecten Eigenschaften verlangen, die diesen selbst von gar keinem Nutzen sind, beansprucht der Forstmann von seinen Bäumen fast nur, daß sie ihm mit denjenigen Vorzügen ihrer Organisation dienen, welche sie selbst so mächtig im Kampfe ums Dasein gemacht haben. Dieser Punkt verlangt wohl eine nähere Besprechung. Der Landwirth gebraucht z. B. die Samen der Getreidearten, es liegt in seinem Interesse, dieselben so groß wie möglich zu gewinnen, deshalb hat er bei der Züchtung seine Aufmerksamkeit auf diese Eigenschaft gerichtet, und es ist ihm gelungen, Körner zu erziehen, die gradezu alle Vortheile aufgegeben haben, welche die Samen der anderen Grasarten für ihre Verbreitung und Aussaat besitzen. Würde z. B. der Weizen, eine Pflanze, die alle Unbilden unseres Klimas sehr gut ertragen kann, plötzlich sich selbst überlassen, so würde er bald aus unsern Gegenden verschwinden. Sein mehlreiches, großes Korn macht dasselbe zahlreichen Thieren begehrenswerth, seine Schwere hindert seine Verbreitung, während die wilden Grasarten in ihren kleinen Samen ein geringwerthiges Nahrungsmittel bieten, aber die größte Verbreitungsfähigkeit besitzen. Diese letzteren, zahlreichen Pflanzen würden die alljährlich weniger werdenden Weizenpflanzen unterdrücken, wenn der Kampf überhaupt eine Reihe von Jahren dauern sollte. Der Gärtner gar zieht viele Producte, die überhaupt ihre Eigenthümlichkeiten nicht allein fortzupflanzen vermögen, und der Thierzüchter Formen, die ohne seine beständige Pflege kaum einen Tag lang ihr Leben in der Wildniß fristen würden. Der Forstmann dagegen beansprucht vom Baum in erster Linie das Holz des Stammes. Je elastischer dieses ist, oder in je größerer Festigkeit und Masse es gebildet wird, desto mehr entspricht es seinen Zwecken zur Verwendung als Nutz- oder Brennholz. Diese Eigenschaften des Holzes aber sind es grade auch, welche den Baum im Walde erhalten und mächtig werden lassen. Seine Elasticität giebt ihm Widerstandsfähigkeit gegen den Sturm, die Fähigkeit, die größte Holzmasse hervor zu bringen, indem er dieselbe gleichzeitig zur Bildung neuer Zweige und zur Vergrößerung seines Stammumfanges benutzt, verschafft ihm die Herrschaft über die benachbarten Stämme. Die Ziele des Forstmanns fallen also mit denen der Natur zusammen, und in den meisten Fällen that derselbe bisher wohl gut, der letzteren die Arbeit zu überlassen, die er selbst nicht besser auszuführen vermochte.

Ein weiterer, schwerwiegender Grund für das Unterlassen der künstlichen Züchtung der Waldbäume liegt in den Schwierigkeiten, welche sich diesem Unternehmen entgegenstellen. Die hervorragendste derselben ist diejenige, mit welcher der Forstmann auf allen Gebieten seiner Forschung zu kämpfen hat: die Nothwendigkeit, seine Producte ein hohes Alter erreichen zu lassen. Ein Einzelner darf nicht erwarten, den Erfolg eines begonnenen Züchtungsversuches mit Sicherheit erblicken zu können, das Gelingen oder Mißlingen ist erst von späteren Generationen genau zu erkennen.

Ein dritter Grund ist darin zu suchen, daß die Waldbäume meist für sehr constante Arten gehalten wurden, die wenig dazu neigten, an verschiedenen Standorten dauernd verschiedene Eigenschaften anzunehmen.

Diese Gründe sind heute alle mehr oder weniger hinfällig geworden. Zunächst macht sich überall das Bedürfniß geltend, die Natur im Walde zu unterstützen, weil der Mensch so hohe Ansprüche an denselben stellt oder gestellt hat, daß die frei waltenden, nicht künstlich geleiteten Naturkräfte dieselben nicht mehr befriedigen können. An zahlreichen Orten werden die ursprünglich dort herrschenden Arten mit Hülfe der Cultur durch andere verdrängt; weite, früher bewaldete, jetzt verwüstete Strecken werden neu angepflanzt, große Kosten werden dafür aufgewendet und mit Recht muß an den Forstmann der Anspruch gestellt werden, daß er sich bemüht, die Holzart, ja sogar die Varietät ausfindig zu machen, welche an dem betreffenden Ort den größten Erfolg verspricht. Und weiter: So lange die Wälder sich mehr oder weniger natürlich verjüngten, oder doch der Revierverwalter oder Waldbesitzer gewohnt war, den zu seinen Saaten nöthigen Samen sich im eigenen Revier zu verschaffen, durfte er mit Recht annehmen, daß die Nachkommen der Bäume, die auf seinem Grund und Boden seit Urzeiten wurzeln, auch ebenso gut wie die Vorfahren geeignet sein würden, am selben Platze einen neuen, guten Bestand zu erzeugen. Anders ist es heut: Seit der Erleichterung des Verkehrs, die Hand in Hand geht mit dem Intensiverwerden der Wirthschaft, wird längst auch der Waldbaumsame vielfach aus bestimmten, besonders zum Sammeln derselben geeigneten Orten weit versandt. Gestützt auf die Erfahrungen der Landwirthe darf der Forstmann nicht mehr unbesorgt ein ungeprüftes, ihm fernher zugesandtes Saatgut aussäen, da es leicht geschehen könnte, daß trotz der größten Sorgfalt seine Saaten mißlingen oder die gut aufgesproßten Pflänzchen verkümmern, weil sie, in anderem Klima gereift, andere Bedingungen verlangen, als die ihnen am fremden Ort gebotenen.

Burckhardt[1]) führt schon einige Beobachtungen an, welche in der forstlichen Literatur besprochen sind, nach denen das schlechte Gedeihen von Kiefern- und Fichtensamen in gewissen Fällen aus der Herkunft derselben von Standorten mit anderen Bedingungen als am Aussaatorte erklärt wird, und fordert die forstlichen Versuchsstationen auf, in Dingen dieser Art Licht zu verbreiten.

Der zweite Grund, nämlich der, daß Züchtungsversuche mit Waldbäumen der erforderlichen langen Zeit wegen nicht ausgeführt werden können, fällt weg, wenn dieselben vom Staat oder anderen dauernden Instituten unternommen werden. Trotzdem aber würde die Ausführung derselben mißlich sein, wenn man auf's Ungewisse hin ganz von vorn anfangen müßte. Doch glücklicher Weise ist dies nicht nöthig, denn längst hat uns die Natur vorgearbeitet; und hiermit fällt der dritte der genannten, entgegenstehenden Gründe fort, daß nämlich die Waldbäume wenig veränderliche Arten seien. Die meisten unserer Waldbäume haben einen sehr bedeutenden Verbreitungsbezirk, und wenn sie auch innerhalb desselben viele Standorte meiden, die ihnen aus irgend welchen Gründen nicht zusagen, so bleibt doch immer noch eine genügende Anzahl so verschiedenartiger Standorte, auf denen sie sich wohl befinden, übrig, daß man entweder annehmen muß, die Grenzen der Bedingungen, innerhalb welcher jedes Baumindividuum gedeihen kann, seien ganz außerordentlich weite, oder die Eigenschaften derselben Art seien an den verschiedenen Standorten verschieden geworden, oder endlich, Beides wirkte zusammen, um den gegenwärtigen Stand der Verbreitung hervorzubringen. Daß unsere Baumarten unter sehr verschiedenen Bedingungen zu leben vermögen, ist jedem Forstmann aus der täglichen Anschauung bekannt, wenn er dieselbe Holzart auf dürrem Berggipfel und dicht daneben im fruchtbaren Thale stehen sieht, oder wenn er, wie dies häufig in der norddeutschen Ebene möglich ist, mit einem Blick nach rechts die Kiefer auf einer Flugsanddüne, links auf der schwimmenden Decke des Fennes wahrnimmt; kaum wird es ihm möglich sein, irgend eine andere Pflanze zu entdecken, die dasselbe zu leisten vermöchte. Doch wenig wurde bisher beachtet, daß, wenn eine Pflanze durch mehrere Generationen auf so verschiedenen Standorten lebt, sie nothwendig ihre Ansprüche geändert haben muß, und daß die Nachkommen der am Orte wachsenden Stämme in der Regel geeigneter sein werden, wieder an demselben Platz zu stehen, als irgend welche anderen, die unter auffallend abweichenden Bedingungen erwuchsen. Im Vertrauen auf die große Anpassungsfähigkeit der Bäume wird auf die Herkunft derselben bei Neuanpflanzungen fast gar keine Rücksicht genommen, und jede einzelne Pflanze muß auf fremdem Standort denselben Kampf von neuem beginnen, in welchem ihre Vorfahren schon den Sieg errungen hatten.

Schon im Jahre 1848 machte C. Fischbach[2]) den Vorschlag, durch conse-

---

[1]) Heinrich Burckhardt, Säen und Pflanzen nach forstlicher Praxis. 4. Auflage. Hannover, Carl Rümpler 1870. S. 249.

[2]) Allgemeine Forst- und Jagdzeitung 1848. Ueber die Benutzung der Unterarten unserer Waldbäume zu forstwirthschaftlichen Zwecken. Desgl. dieselbe Zeitschrift 1861.

quente Auswahl der Samenbäume constante Abarten (Varietäten) bei unseren Waldbäumen zu bilden, und dabei diejenigen Eigenschaften besonders zu beachten, welche für forstliche Zwecke von Werth sind. Der Vorschlag, so gut seine Berechtigung am genannten Ort auch nachgewiesen ist, hatte gar keinen Erfolg, er wurde im Jahre 1861 noch einmal wiederholt, scheint aber wieder unbeachtet verhallt zu sein. Und doch sind die Forstmänner seit langer Zeit nicht mehr vollkommen zufrieden mit den Eigenschaften unserer Waldbäume, es spricht sich dies deutlich genug darin aus, daß so viele das Heil des heimischen Waldes in dem Anbau fremder Holzarten suchten. Seit mehr als 100 Jahren werden immer wieder Versuche mit der Anpflanzung derselben gemacht, vielleicht ist mit Ausnahme der höheren Gebirgslagen kaum ein Revier in Deutschland zu finden, in dem nicht einmal oder öfter ausländische Bäume unter die einheimischen gesetzt wurden. Doch welcher Erfolg wurde damit erzielt? Hin und wieder hat sich ein fremder Baum, ein kleiner Bestand im Walde erhalten, und das laute Rühmen, wenn er gut gedeiht, beweist nur, daß dies nur selten vorkommt. Dieses traurige Ergebniß aber kann kaum überraschen, wenn man die Urgeschichte unserer Wälder verfolgt. In seiner Geologie der europäischen Waldbäume weist Unger[1]) nach, daß die Baumgattungen und Arten, oder doch die Stammformen der letzteren, welche jetzt in Nordamerika und Ostasien noch zu finden sind, in den den unsrigen vorhergehenden Erdperioden in unseren Gegenden heimisch waren, wie geologische Funde klar ergeben. Neben unseren heutigen Waldbäumen lebten unter anderen in Europa der Liquidambar, die Platane, die Castanie, Wallnuß, Weymouthskiefer, dreinadlige Kiefern, Ceder, Sequoia, Taxodium u. s. w., ganz abgesehen von den zahllosen Arten noch jetzt hier vertretener Gattungen und Untergattungen, worunter z. B. 80 Eichenarten sich befinden, von denen viele jetzt noch in Nordamerika leben. Unter diesen Ureinwohnern Europas sind alle die Bäume zu finden, mit denen jetzt hier Acclimatisations-Versuche gemacht werden, und sie ertragen unser Klima meist recht gut, doch sie bedürfen der menschlichen Pflege und des Schutzes vor den einheimischen Pflanzen. Wären sie nicht weniger geeignet für unsere jetzigen Waldverhältnisse als unsere heimischen Bäume, so wären sie sicher nicht einst von diesen verdrängt worden.

Es soll hiermit durchaus nicht der Erfolg eines jeden Acclimatisations-Versuches angezweifelt werden, es ist jedenfalls wünschenswerth, sachkundig ausgeführte Anbau-Versuche mit solchen fremden Holzarten zu machen, die sich durch irgend welche Eigenschaft vortheilhaft auszeichnen. Doch weit größeren Erfolg versprechen Versuche, welche sich zum Ziel setzen, die Eigenschaften solcher Bäume durch bewußte Zuchtwahl zu verbessern, welche durch ihr Vorkommen in unsern Gegenden längst unzweifelhaft bewiesen haben, daß sie für unsere Verhältnisse passen. Die Schwierigkeiten sind außerdem bei diesen Versuchen viel geringer als dort. Wir

---

[1]) Dr. F. Unger, Geologie der europäischen Waldbäume. Graz, Leuschner und Lubensky. 1869.

haben nichts nöthig, als nur die Samen derjenigen Stämme auszusäen, die uns für unsere Zwecke die besten scheinen, anstatt daß wir jetzt jeden Baum, auch den Kiefernkrüppel auf der Düne, für geeignet halten, Samen zu liefern, aus dem die bestmöglichen Stämme erwachsen sollen. Schon in der ersten Generation muß Erfolg erwartet werden, und sollte er so gering sein, daß er nicht klar erkennbar ist, so kann wenigstens kein Nachtheil und Verlust eintreten, denn die Nachkommen kräftiger, gesunder Stämme werden mindestens denen unausgewählter Bäume nicht nachstehen. Sollen aber genauere, immer noch mit verhältnißmäßig geringen Kosten verbundene Züchtungsversuche angestellt werden, so ist das erste Erforderniß, das von der Natur schon gelieferte Material genau in seinen Formen und Eigenschaften kennen zu lernen.

In dieser Richtung ist nun bisher wenig geschehen. In der gesammten forstlichen und botanischen Literatur finden sich wenig mehr als ganz allgemein gehaltene Angaben über verschiedene Formen unserer Waldbäume, selbst Willkomm[1]) konnte in seiner so sorgfältig ausgearbeiteten, forstlichen Flora wenig mehr thun, als das Vorhandensein zahlreicher Formen feststellen, auf einige eingehendere Untersuchungen werde ich weiter unten zurückkommen. Die Schwierigkeiten für genaue Forschungen liegen darin, daß die abweichenden Formen oft durch weite Landstrecken von einander getrennt sind, daß die characteristischen Unterschiede zum Theil in der Wuchsform liegen, woher es unmöglich wird, zwei, auf ihrem besonderen Standort erwachsene Exemplare direct mit einander zu vergleichen, daß aber, will man dieselben aus Samen nebeneinander erziehen, viel Raum und lange Zeit für die Beobachtung gebraucht wird. Dennoch dürfen diese Schwierigkeiten nicht abschrecken, und es wurden als ein Anfang zu der Lösung der auf diesem Gebiet liegenden Fragen Versuche an der Forstakademie Münden auf Anregung des Herrn Professor Dr. Müller begonnen. Es sollte zunächst festgestellt werden, ob die Waldbaumsamen für die Keimung und erste Entwicklung verschiedenes Wärmebedürfniß zeigen, wenn ihre Herkunftsorte verschiedene klimatische Bedingungen hatten. Ein hohes Königliches Finanz-Ministerium bewilligte hochgeneigtest die zum Beginn der Versuche erforderlichen Geldmittel, und es wurde im Herbst des Jahres 1877 ein Rundschreiben an eine größere Anzahl von Herren, zum größten Theil Forstmänner, abgesandt, mit der Bitte, Waldbaumsamen zu den hiesigen Versuchen einzuschicken. Dieses Rundschreiben hatte sehr guten Erfolg. Es liefen nicht nur die Samen in großer Zahl ein, sondern es waren dieselben auch mit einer Sorgfalt gesammelt, welche sich nur aus dem lebhaften Anklang erklären läßt, den die beabsichtigten Versuche überall, namentlich aber bei den Herren Fachgenossen, den Forstmännern, fanden. Sämmtlichen Herren wird hiermit der beste Dank für ihre Bemühungen ausgesprochen; soweit

---

[1]) Dr. Moritz Willkomm, Forstliche Flora von Deutschland und Oesterreich. Leipzig und Heidelberg. C. F. Winter's Verlag 1875.

die Namen der Zusender mir bekannt wurden, sind sie in die nachstehende Tabelle aufgenommen worden[1]).

Diese Tabelle giebt das Verzeichniß sämmtlicher eingegangenen Samen, nur wenige Nummern wurden nicht berücksichtigt, welche sich von vornherein als unbrauchbar zeigten. Die Angaben über die Herkunft und über die Mutterbäume wurden nach der von den Herren Zusendern darüber gütigst gegebenen Auskunft zusammengestellt; die Messungen von Zapfen und die wenigen Wägungen wurden von mir ausgeführt. Die Samennummern wurden nach Holzarten und innerhalb dieser Abtheilungen nach der Herkunft derart geordnet, daß die aus südlichen Standorten den Anfang, die aus nördlichen den Schluß machten, und daß dabei im Ganzen von Südwest nach Nordost vorgeschritten wurde. Da die Höhe des Standortes über dem Meeresspiegel allein noch keinen Anhalt gewährt, wurde bei den wichtigsten Bäumen daneben der Abstand desselben von der am Platz bestehenden oberen Verbreitungsgrenze der betreffenden Baumart angegeben, über die Bedeutung dieser Angabe wird weiter unten das Nähere ausgeführt werden. Die Angaben der übrigen Spalten werden ohne Weiteres verständlich sein. Die Lage gegen die Himmelsrichtung wurde in der betreffenden Spalte durch Ziffern 1—5 bezeichnet, deren Bedeutung durch eine unter jeder Tabelle befindliche Anmerkung leicht verständlich sein dürfte. Die Angaben der geographischen Länge und Breite konnten nicht immer vollständig genau sein, da sie nicht von den Herren Zusendern gemacht wurden, und die bezeichneten Herkunftsorte der Samen sich nicht immer auf Karten auffinden ließen. Doch können größere Abweichungen nur selten und dann in Folge von Irrthümern vorkommen. Die Nummern sind dieselben, nach welchen auch im hiesigen Versuchs-Garten die Samen ausgesät sind, und mit welchen auch in späteren Berichten die Stämme stets bezeichnet werden sollen.

Wie schon gesagt, wurde anfänglich nur beabsichtigt, mit dem eingesandten Material Versuche anzustellen über das Verhalten der aus verschiedenen Orten stammenden Samen gegen gleiche Bedingungen der Wärme, Feuchtigkeit und anderer Einflüsse. Da jedoch die Sendungen sehr reichlich einliefen und die Sammlung der Gegenstände mit großer Sorgfalt gemacht wurde, lohnte es sich, auch Beobachtungen und Messungen über die Samen, Frucht und Zapfenformen anzustellen. Die Samen wurden im Garten der Forstacademie Münden ausgesät und die daraus erwachsenden Stämmchen sollen weiter beobachtet werden. Abgesehen von dem Werth, welcher der Vergleichung der Aussaatobjecte an sich schon beigemessen werden darf, ist es auch wichtig, die Entwicklung der weiter zu beobachtenden Bäumchen bis zum Samenkorn zurück verfolgen zu können. Es folgt darum hier zunächst eine

[1]) Für die vollständige Richtigkeit der Namen, sowohl der Personen als der Orte kann nicht immer eingestanden werden, dieselben waren oft undeutlich geschrieben oder durch den Transport der gefüllten Samensäcke undeutlich geworden.

Zusammenstellung sämmtlicher zu den Aussaatversuchen verwendeten Samennummern.

№	Herkunft der Samen. Ort des Samenbezugs.	Geographische Breite nördl.	Geographische Länge östl. v. F.	Lage gegen die Himmelsrichtung.*)	Meereshöhe. Meter	Abstand von der oberen Verbreitungsgrenze. Meter	Boden.	Angaben über die Mutterbäume. Alter.	Zahl.	Angebaut oder wild wachsend.	Zeit des Sammelns.	Einsender.	Durchschnittliches Trockengewicht Gr.	Durchschnittliches Volumen Kub.-Ctm.	Bemerkungen.
	Quercus Sessiliflora.														
1	Munkács, Ungarn	48.15	40.30	2	160	—	sand. humos	220	1	wild	14. Nov.	Domänen-Direction	—	—	Eichel ähnl. No. 5 Taf. 1
2	do.	48.15	40.30	2	180	—	do.	180	1	do.	do.	do.	—	—	= = = 19 Taf. 1
3	do.	48.15	40.30	3	140	—	do.	220	1	do.	do.	do.	—	—	do. Cupula flach.
4	Frauenberg, Südböhmen	49.45	30.30	1	360	—	tertiäre Letten	200	1	angeb.	Oktober	Prof. v. Purkyne	—	—	mehr od. wen. verkümmert.
5	Thale, Harz	51.45	28.45	2	260	—	do.	—	1	wild	do.	Of. v. Hanstein	—	—	
6	do.	51.45	28.45	4	160	—	do.	—	1	do	do.	do.	—	—	
7	Hasseröder Revier	51.50	28.25	3	250	—	mäßig, trocken	120	1	do.	25. Oct.	O. Schwanecke	—	—	
8	Of. Tremsbüttel, Holstein	53.45	28	1	wenige	—	feuchter Lehm	120	1	do.	3. Nov.	Forstc. Euen	—	—	
	Quercus pedunculata.														
1	Mittelslavonien	45.20	36	1	101	—	feuchtes Ueberschwemmungsgebiet, im Hochsomm. sand. trock. Lehm	200	1	wild	Nov. 1877	Prof. v. Purkyne	5.48	6.0	Form f. Abb.-Taf. 1
2	do.	45.20	36	1	101	—	do.	200	1	do.	do.	do.	3.14	3.37	do.
3	do.	45.20	36	1	101	—	do.	200	1	do.	do.	do.	6.33	7.0	do.
4	do.	45.20	36	1	101	—	do.	200	1	do.	do.	do.	5.95	7.0	Form zwischen 1 u. 3.
5	do.	45.20	36	1	101	—	do.	200	1	do.	do.	do.	2.15	2.5	S. Abb.
6	do.	45.20	36	1	101	—	do.	200	1	do.	do.	do.	2.92	3.5	Form ähnl. 5.
7	do.	45.20	36	1	101	—	do.	200	1	do.	do.	do.	3.17	3.8	Form zwischen 2 u. 30.
8	do.	45.20	36	1	101	—	do.	200	1	do.	do.	do.	1.75	2.0	S. Abb.
9	do.	45.20	36	1	101	—	do.	200	1	do.	do.	do.	4.99	6.0	S. Abb.
10	do.	45.20	36	1	101	—	do.	200	1	do.	do.	do.	1.32	1.5	S. Abb.
11	do.	45.20	36	1	101	—	do.	200	1	do.	do.	do.	4.03	4.95	F. ähnl. 1.
12	do.	45.20	36	1	101	—	do.	200	1	do.	do.	do.	5.97	6.5	do.
13	Sirmien Slavonien	45.20	36	1	130	—	feucht	160	1	do.	Oktober	Pfister, Forstgeometer	4.70	5.55	Form zwischen 1 u. 3.
14	Munkács, Theißgebiet	48.15	40.30	1	104	—	naß, Flußniederung	60	—	do.	13. Nov.	Domänen-Direction	3.21	4.0	Form ähnl. 19.
15	do.	48.15	40.30	1	104	—	do.	75	—	do.	do.	do.	—	—	Form ähnl. 14.
16	do.	48.15	40.30	1	105	—	do.	160	—	do.	do.	do.	—	—	Form ähnl. 17.
17	do.	48.15	40.30	1	105	—	do.	160	—	do.	12. Nov.	do.	4.81	6.10	Form zwischen 1 u. 3.
18	do.	48.15	40.30	1	105	—	do.	70	—	do.	do.	do.	1.76	2.2	Form ähnl. 10.
19	do.	48.15	40.30	1	150	—	sand., hum., trock. Lehmb.	220	—	do.	14. Nov.	do.	3.21	4.4	S. Abb.
20	do.	48.15	40.30	1	112	—	frisch., tiefgründ. Lehmb.	200	—	do.	20. Nov.	do.	—	—	F. ähnl. 17.
21	do.	48.15	40.30	1	115	—	schwerer Lehmboden, naß	240	—	do.	15. Nov.	do.	—	—	F. zwischen 17 u. 18
22	Ofr. Krantzberg (Freising)	48.25	29.25	1	507	—	frisch, lehmiger Sand	110	1	do.	Oktober	Of. Striegel	—	—	F. ähnl. 25.
23	Frauenberg, Süd-Böhmen	49.45	30.30	1	360	—	tertiäre Letten	200	1	angeb.	do.	Prof. v. Purkyne	—	—	F. ähnl. 5.
24	do.	49.45	30.30	1	360	—	do.	200	—	do.	do.	do.	3.35	4.02	F. ähnl. 26.
25	do.	49.45	30.30	1	360	—	do.	200	—	do.	do.	do.	1.7	2.4	S. Abb.
26	do.	49.45	30.30	1	360	—	do.	200	—	do.	do.	do.	~	—	S. Abb.
27	do.	49.45	30.30	1	360	—	do.	200	—	do.	do.	do.	—	—	F. ähnl. 25.
28	do.	49.45	30.30	1	360	—	do.	200	—	do.	do.	do.	1.23	1.6	S. Abb.
29	do.	49.45	30.30	1	360	—	do.	200	—	do.	do.	do.	—	—	F. ähnl. 26.
30	do.	49.45	30.30	1	360	—	do.	200	—	do.	do.	do.	—	—	S. Abb.
31	do.	49.45	30.30	1	360	—	do.	200	—	do.	do.	do.	—	—	S. Abb.
32	do.	49.45	30.30	1	360	—	do.	200	1	do.	do.	do.	—	—	F. ähnl. 26.
33	Ofr. Griesheim in Hessen	49.55	26.5	1	100	—	humos, frisch, oft naß	110—120	mehrere	wild	Ende Okt.	Of. Klipstein	—	—	F. ähnl. 30.
34	Dabrowa, Galizien	etwa 50	—	5	400	—	—	—	1	—	Herbst	Prof. v. Purkyne	—	—	do.
35	do. do.	= 50	—	5	400	—	naß	80—90	1	wild	Oktober	do.	—	—	do.
36	Draholicz do.	= 50	—	1	365	—	—	—	—	—	2 Nov.	do.	—	—	F. ähnl. 26.

37	Grobla do.	= 50	—	1	95	—	ziemlich naß	250	mehrere	wild	Oktober	do.	—	—	F. ähnl. 35.
38	Queisthal b. Greifenberg, Schlesien	51	33	1	360	—	feucht	120	1	do.	do.	Of. Bormann	—	—	Anscheinend verkümmert.
39	Wiershausen, Wesergebiet	51.20	27.25	1	230	—	mäßig feucht	100	1	wild	28. Okt	—	—	—	F. ähnl. 31.
40	Ofr. Schkeuditz	51.25	29.50	1	130	—	feucht. Lehm, überschw.	120—140	2	do.	17. Okt.	Forstkand. Kuhl	—	—	F. ähnl. 30.
41	do.	51.25	29.50	1	130	—	do.	70—80	1	do.	9. Okt.	do.	—	—	F. ähnl. 19.
42	Rabeninsel bei Halle	51.30	29.40	1	100	—	do.	70—90	mehrere	angeb.	15. Okt.	do.	—	—	F. ähnl. 43.
43	Thale (Harz), Silgenstieg	51.45	28.45	4	160	—	—	—	1	wild	Oktober	Of. von Hanstein	—	—	S. Abb.
44	do. do. Schloßberg	51.45	28.45	1	200	—	—	—	1	do.	do.	do.	—	—	ähnl. 43.
45	Harz, Hasseröder=Revier	51.50	28.25	3	250	—	mäß. feucht. gut. Thonsch.	100—110	1	do.	20. Okt.	Of. Schwanecke	—	—	F. ähnl. 43.
46	Ofr. Zöckeritz	51.35	30	1	—	—	trock. gelegter Bruchbod.	110—120	mehrere	do.	Anf. Nov.	Of. Brecher	—	—	do.
47	Ofr. Börnichen	52	31.35	1	55	—	trocken	über 100	1	do.	Herbst	Of. Stosch	—	—	F. ähnl. 25.
48	Gr.=Rietz, Brandenburg	52.15	31.45	1	—	—	frisch	120	1	angeb.	Oktober	—	—	—	F. ähnl. 30.
49	Tremsbüttel, Holstein	53.45	28	1	5	—	feucht. Lehm	100	1	wild	3. Nov.	Forstkand. Euen	—	—	F. ähnl. 43.
50	Ofr. Quickborn, Holstein	53.50	27.35	1	—	—	frisch	100	mehrere	do.	Anf. Nov.	Of. Ernst	—	—	do.
51	Ofr. Schwartau, do.	54	28.30	3	24	—	do.	90	1	do.	26. Okt.	Of. Meyer	—	—	do.
52	do. do.	54	28.30	1	2	—	Dünen	200	1	do.	do.	do.	—	—	Verkümmert.
53	Ofr. Sobbowitz, Westpreußen	54.15	36.15	4	140	—	feucht	90—100	1	do.	Oktober	Forstm. Schulze	—	—	F. ähnl. 43.
54	Krusenrott b. Kiel	54.20	27.50	1	13	—	do.	150	1	do.	20. Okt.	Ass. Hennings	—	—	Verkümmert.
55	Ofr. Schleswig	54.30	27.10	4	50	—	dürr	110	mehrere	do.	Ende Okt.	Of. Heldt	—	—	F. ähnl. 43.
56	Ofr. Ibenhorst, Ostpreußen	55.10	39	1	—	—	feucht. Sand	90	1	do.	18. Okt.	Of. Arxt	—	—	Verkümmert.
57	Ofr. Ulfshuus, Schleswig	55.15	27.5	1	33	—	frischer Lehm	130	1	do.	1. Nov.	Of. Kienast	—	—	do.
	Quercus sessiliflora oder **pedunculata** (Zweifelhaft).														
1	Ofr. Alt=Sternberg (Ostpreußen)	54.55	39.5	1	—	—	naß	150	2	do.	12. Okt.	Of. Schönebeck	—	—	
2	Ofr. Sobbowitz (Westpreußen)	54.15	36.15	3	150	—	feucht	90—110	2	do.	Oktober	Forstm. Schulze	—	—	
3	Oliva	54.30	36.10	1	33	—	mittelfeucht	60—80	2	angeb.	Herbst	Gartendirection	—	—	
	Fagus sylvatica.														
1	Grindelwald (Schweiz)	46.30	25.40	2	1030	560	dürr	90—100	mehrere	wild	Oktober	P. Bohren	—	—	
2	Rev. Dol Tornovaner Wald	46	31.15	1	1100	525	frisch humos, Jurakalk	140	1	do.	6. Nov.	Forstgem. Spanitz	—	—	
3	do.	46	31.15	1	1470	155	steriler Jurakalk	100	1	do.	5. Nov.	do. do.	—	—	
4	do.	46	31.15	2	1230	400	humos frisch	140	mehrere	do.	Ende Okt.	do. do.	—	—	
5	do.	46	31.15	2	1310	320	feucht humos	150	2	do.	do.	do. do.	—	—	
6	Ofr. Pfirt (Vogesen)	47.30	25	5	375	1125	frisch	130	mehrere	do.	Mitte Okt.	Of. Thielmann	—	—	
7	do.	47.30	25	1	460	1040	do.	100	do.	do.	do.	do.	—	—	
8	do.	47.30	25	3	550	950	frisch, Jurakalk	130	do.	do.	do.	do.	—	—	
9	do.	47.30	25	4	600	900	Kalkgeröll, humos	120	do.	do.	do.	do.	—	—	
10	do.	47.30	25	1	660	840	frischer Jurakalk	140	do.	do.	do.	do.	—	—	
11	Vomperthal Tyrol	47.20	29.20	1	1000	510	trocken felsiger Kalk	90	2	do.	—	Of. in Schwaz	—	—	
12	Todtnau (Schwarzwald)	47.45	25.40	5	900	550	etwas trocken	150	1	do.	Mitte Okt.	Of. Walli	—	—	
13	do.	47.45	25.40	2	920	530	frisch	100	1	do.	Ende Okt.	do.	—	—	
14	do.	47.45	25.40	2	1000	450	do.	120	mehrere	do.	do.	do.	—	—	
15	do.	47.45	25.40	2	1160	290	do.	150	do.	do.	do.	do.	—	—	
16	do.	47.45	25.40	3	1200	250	etwas trocken	150	do.	do.	do.	do.	—	—	
17	do.	47.45	25.40	4	1200	250	do. do.	120	do.	do.	Anf. Nov.	do.	—	—	
18	do.	47.45	25.40	4	1200	250	frisch	150	do.	do.	do.	do.	—	—	
19	do.	47.45	25.40	2	1200	250	do.	120	do.	do.	Anf. Okt.	do.	—	—	
20	Maßmünster Elsaß	47.45	24.40	5	500	950	frisch, humusreich	100	6	do.	4. Nov.	Of. Seybold	—	—	
21	do.	47.45	24.40	2	550	900	frisch humos	90	1	do.	28. Okt.	do.	—	—	
22	do.	47.45	24.40	5	680	770	do. do.	110	6	do.	4. Nov.	do.	—	—	
23	do.	47.45	24.40	2	750	700	do. do.	95	1	do.	28. Okt.	do.	—	—	
24	do.	47.45	24.40	4	900	550	ziemlich frisch	110	8	do.	4. Nov.	do.	—	—	
25	do.	47.45	24.40	2	970	480	sehr frisch, humos	85	1	do.	28. Okt.	do.	—	—	
26	Ofr. Weiler Vogesen	48.20	25	5	700	650	frischer Granit	75	1	do.	16. Okt.	Of. Kuchenbecker	—	—	
27	do.	48.20	25	4	450	900	mäßig feucht	90	3	do.	11. Okt.	do.	—	—	
28	Ofr. Markirch	48.15	25	3	1114	235	Vogesenstein trock. Granit	120	1	do.	5. Okt.	Of. Vogelgesang	—	—	
29	do.	48.15	25	3	600	750	frisch	—	1	do.	do.	do.	—	—	
30	do.	48.15	25	2	700	650	frisch, Granit	90	1	do.	do.	do.	—	—	
31	do.	48.15	25	5	640	710	do. do.	120	1	do.	3. Nov.	do.	—	—	
32	do.	48.15	25	5	640	710	do. do.	65	1	do.	do.	do.	—	—	

*) Es bedeuten: 1 = eben; 2 = N, NO; 3 = O, SO; 4 = S, SW; 5 = W, NW.

№	Herkunft der Samen.							Angaben über die Mutterbäume.			Zeit des Sammelns.	Einsender.	Durchschnittliches		Bemerkungen.
	Ort des Samenbezugs.	Geographische		Lage gegen die Himmelsrichtung.*)	Meereshöhe.	Abstand von der oberen Verbreitungsgrenze.	Boden.	Alter.	Zahl.	Angebaut oder wildwachsend.			Trockengewicht.	Volumen	
		Breite nördl.	Länge östl. v. F.		Meter	Meter							Gr.	Kub.-Ctm.	
	Fagus sylvatica.														
33	Waldkirch (Schwarzwald)	48.10	25.40	3	255	1115	ziemlich trocken	70	1	wild	20. Okt.	Of. Krutina.			
34	do. do.	48.10	25.40	2	350	1020	ziemlich frisch	70	1	do.	13. Okt.	do.			
35	do. do.	48.10	25.40	3	540	830	zieml. trocken	100	mehrere	do.	Ende Okt.	do.			
36	do. do.	48.10	25.40	3	680	690	zieml. frisch	80—100	1	do.	18. Okt.	do.			
37	do. do.	48.10	25.40	3	750	580	do.	100	1	do.	15. Okt.	do.			
38	do. do.	48.10	25.40	3	1200	170	frisch	100	1	do.	do.	do.			
39	Rappoltsweiler	48.10	25	4	550	820	dürr	80	1	do.	do.	Of. Doinet.			
40	Beuven	48.15	26.45	5	430	920	trockener Kalk	65	mehrere	do.	5. Nov.	v. Fischbach.			
41	Karlswahl	48.15	26.45	1	1000	350	do.	70	1	do.	10. Nov.	do.			
42	Lützelhausen (Elsaß)	48.50	25	2	950	300	dürr	110	1	do.	6. Nov.	Of. Usener.			
43	do.	48.50	25	4	450	800	do.	110	1	do.	do.	do.			
44	Lützelstein (Elsaß)	48.55	25	5	280	970	frisch	120—140	mehrere	do.	15. Nov.	Of. von Bodungen.			
45	do.	48.55	25	2	280	970	do.	100—120	do.	do.	12. Okt.	do.			
46	do.	48.55	25	4	300	950	zieml. frisch	90—100	do.	do.	15. Okt.	do.			
47	do.	48.55	25	3	300	950	frisch	100—120	do.	do.	12. Okt.	do.			
48	Hirsau (Schwarzwald)	48.45	26.25	3	530	745	feucht	100	do.	do.	Ende Nov.	Fref. Kloß.			
49	Kapfenburg (Schwäb. Alb)	49	27.50	2	600	630	frisch	80—95	do.	do.	Nov.	Rev.-F. Probst.			
50	Rev. Stubenbach. Böhmer Wald	49	31	3	1015	215	trocken humoser Lehm	80—100	1	do.	Ende Okt.	Prof. v. Purkyne.			
51	Rev. Neubrunn do.	49	31	1	1260	0	trocken	400—500	1	do.	18. Nov.	do.			
52	Rev. Schätzenwald do.	49	31	2	960	270	sandiger Lehm feucht	80	1	do.	18. Okt.	do.			
53	Naghfaha Arvaer Comitat Ungarn	49.30	37	3	550	550	kräft. Lehm auf Kalk	95	1	do.	6. Nov.	Obfm. Rowland.			
54	Rev. Zahamene do.	49.30	37	2	880	220	trockener Lehm	80	mehrere	do.	do.	do.			
55	do. do.	49.30	37	5	1120	30	steinig. Lehm	90	1	do.	5. Nov.	do.			
56	Ofr. Waldmichelbach (Rhein-Hessen)	49.50	26.30	3	250	750	trock. Sand mit Lehm	100—105	mehrere	do.	10. Nov.	Of.Frh.Schenk z.Schweinsberg.			
57	Ofr. Eberstadt (Hessen-Starkenburg)	49.50	26.15	5	375	625	frisch	94	1	do.	Nov.	Of. Josef.			
58	do.	49.50	26.15	2	200	800	do.	116	1	do.	do.	do.			
59	Ofr. Steinbrückerteich bei Darmstadt	49.50	26.20	1	150	850	mittel	110	mehrere	do.	Ende Okt.	Of.Frh.Schenk z.Schweinsberg.			
60	Hauptsmoorwald bei Bamberg	50	29.15	1	240	720	trock. mergelhalt. Lehm	110	1	do.	Nov.	Of. Duetsch.			
61	Kyllwald Eifel	50	24.10	1	440	520	zieml. fr. hum. LehmSand	100	mehrere	do.	13. Nov.	Of. Paar.			
62	Ofr. Königstein Taunus	50.10	26.5	5	720	180	mäßig frisch	110	do.	do.	5. Nov.	Of. Schwab.			
63	Schleusingen in Thüringen	50.30	28.25	5	510	300	frisch	100—120	do.	do.	Anf. Nov.	Of. Deckert.			
64	Ofr. Erlau do.	50.30	28.25	3	540	270	frisch, Porphyr	120	do.	do.	Mitte Dec.	Of. Suabedissen.			
65	Poppelsdorf bei Bonn Bot. Garten	50.45	24.40	1	—	—	trocken	90—100	2	do.	Oktober	do.			
66	Görbersdorf Riesengebirge	50.50	33.50	2	500	200	do.	60	1	do.	do.	Strähler.			
67	do.	50.50	33.50	1	860	0	frisch	80	1	do.	do.	do.			
68	Ofr. Marburg	50.45	26.25	5	210	560	trocken	80	1	do.	30. Okt.	Of. Hertel.			
69	do.	50.45	26.25	1	380	390	dürr	80—100	1	do.	do.	do.			
70	Isergebirge Schlesien	51	33	2	420	330	trocken	100	1	do.	Oktober	Of. Bormann.			
71	Olbernhau Erzgebirge	50.40	31	2	520	270	frisch humos Gneis	180	mehrere	do.	28. Nov.	Forstm. Schaal.			
72	Ofr. Neustadt Reg.-Bez. Cassel	50.50	26.45	1	297	470	frisch	90—100	1	do.	24. Nov.	Forstcand. Wallis.			
73	do.	50.50	26.45	4	291	480	do.	90	2	do.	3. Dec.	do.			
74	do.	50.50	26.45	2	275	495	do.	100	2	do.	do.	do.			
75	do.	50.50	26.45	2	250	520	do.	80	2	do.	do.	do.			
76	do.	50.50	26.45	1	310	460	frisch. lehmig. Sand	150	2	do.	16. Nov.	do.			
77	do.	50.50	26.45	1	310	460	etwas feucht	120	mehrere	do.	3. Dec.	do.			
78	do.	50.50	26.45	4	288	480	trocken	90	1	do.	1. Dec.	do.			
79	do.	50.50	26.45	2	262	510	frisch	110	mehrere	do.	3. Dec.	do.			
80	do.	50.50	26.45	1	281	490	mäßig frisch	100	2	do.	24. Nov.	do.			
81	do.	50.50	26.45	5	281	490	frisch	100	1	do.	20. Nov.	do.			
82	do.	50.50	26.45	1	291	480	frischer lehmiger Sand	100—120	2	do.	17. Nov.	do.			
83	do.	50.50	26.45	4	343	430	frisch	100	2	do.	19. Nov.	do.			

84	Ofr. Neustadt Reg.-Bez. Cassel . .	50.50	26.45	3	300	470	etwas trocken sand. Lehm	100—120	mehrere	wild	10. Dec.	Forstcand. Wallis.			
85	do. . .	50.50	26.45	3	272	500	do.	120	do.	do.	20. Nov.	do.			
86	Ofr. Kottenforst b. Bonn	50.40	24.40	1	200	590	naß	130—150	do.	do.	Decbr.	Bommerich, Förster.			
87	Reinhardswald	51.25	27.15	1	400	280	frisch	120—130	2	do.	3. Nov.	—			
88	do.	51.25	27.15	1	400	280	do.	80—100	1	do.	do.	—			
89	do.	51.25	27.15	1	400	280	frisch thonig . . .	150—200	viele	do.	do.	—			
90	do.	51.25	27.15	1	400	280	quellig	100—120	1	do.	do.	—			
91	do. (Glashütte) . . .	51.25	27.15	1	200	480	frisch	110	ist 1 Baum	do.	20. Okt.	—			
92	Mollenfelde über Wiershausen . .	51.25	27.25	1	300	380	mäßig frisch. Muschelkalk	120	mehrere	do.	28. Okt.	—			
93	Meißner (Hessen Distr. 10) . . .	51.15	27.30	2	470	230	humos Basalt . . .	90	1	do.	3. Nov.	Of. Kopp.			
94	do. Distr. 95)	51.15	27.30	2	676	20	do. . . .	120	1	do.	do.	do.			
95	Göttingen Bot. Garten	51.30	27.40	4	200	480	trocken	40—50	1	do.	Oktober	Direction.			
96	Ofr. Lichtenau Reg.-Bez. Kassel .	51.15	27.30	3	639	60	Basalt frisch . . .	100	mehrere	do.	7. Nov.	Rev.-F. Müller.			
97	Ofr. Cattenbühl Gr. Steinberg .	51.25	27.20	2	550	130	frisch	120	do.	do.	14. Nov.	—			
98	Ofr. Worbis	51.30	28	1	300	370	flachgründig. Muschelkalk	95—100	do.	do.	16. Nov.	Of. Habenicht.			
99	Habichtswald	51.20	27	3	220	480	mäßig frischer Kalk .	90	do.	do.	7. Dec.	Ofcand. Martin.			
100	do.	51.20	27	1	620	80	frischer Lehm . . .	110	do.	do.	11. Dec.	do.			
101	do.	51.20	27	4	560	140	frischer Basalt . . .	100	do.	do.	do.	do.			
102	do.	51.20	27	4	420	280	do. . . .	80—100	do.	do.	30. Nov.	do.			
103	do.	51.20	27	1	550	150	frischer tertiärer Sand	200—300	do.	do.	22. Okt.	do.			
104	Lauterberg a. Harz	51.45	28.15	2	500	150	mäßig trocken . . .	80—85	3	do.	18. Okt.	Of. Ohnesorge.			
105	do.	51.45	28.15	4	310	340	do. . . .	100—105	2	do.	17. Okt.	do.			
106	Thale Harz Küchenberg	51.45	28.45	4	200	450	—	—	1	do.	Oktober	Of. v. Hanstein.			
107	do.	51.45	28.45	2	260	390	—	—	1	do.	do.	do.			
108	do.	51.45	28.45	4	500	150	—	—	1	do.	do.	do.			
109	do.	51.45	28.45	2	500	150	—	—	1	do.	do.	do.			
110	Hasseröder Rev. (Harz)	51.50	28.25	4	250	390	trocken	80—120	mehrere	do.	15. Okt.	Of. Schwanecke.			
111	Ofr Clausthal a. H.	51.45	28	4	630	20	frisch kräftig . . .	80—90	do.	do.	Anf. Dec.	Of. Harms.			
112	Ofr. Börnichen	52	31.35	1	55	570	frisch	über 100	do.	do.	Herbst	Of. Stosch.			
113	Ofr. Quickborn in Holstein . . .	53.40	27.40	1	—	500	do.	60—100	do.	do.	5. Nov.	Of. Ernst.			
114	Ofr. Tremsbüttel do.	53.45	28	1	wenige	500	feucht. Lehm	100	1	do.	3. Nov.	Of. Hennings.			
115	Ofr. Rheinfeld Schleswig-Holstein .	53.50	28	1	200	300	frisch	90—100	mehrere	do.	Ende Okt.	Of. Kiene.			
116	Ofr. Seegeberg Holstein	53.55	28	1	45	455	frisch sandig lehmig .	200	1	do.	13. Nov.	Of. Emeis.			
117	Ofr. Schwartau Oldenburg . . .	54	28.30	1	20	480	zieml. trockener Sand	180—200	1	do.	25. Nov.	Of. Meyer.			
118	do. . . .	54	28.30	3	2	500	naß	80	1	do.	26. Okt.	do.			
119	Ofr. Sobbowitz	54.15	36.15	1	153	345	feucht sand. Lehm . .	105	1	do.	30. Okt.	Forstm. Schulze.			
120	Kiel Düsternbrocker Holz	54.20	27.50	1	13	480	—	100	1	do.	20. Okt.	Ass. Hennings.			
121	Ofr. Schleswig	54.30	27.10	4	50	420	dürr	100	mehrere	do.	Ende Okt.	Of. Heldt.			
122	Ofr. Glücksburg	54.45	27.15	1	15	445	trocken. lehmig. Sand	100—120	do.	do.	Anf. Nov.	Of. Kassuben.			
123	Ofr. Ulsnhuus	55.15	27.10	1	33	400	frisch	150	1	do.	1. Nov.	Of. Kienast.			
	Acer Pseudoplatanus. 1)														
1	Vallombrosa Appeninen	43.25	29	5	1000	800	trocken sand. Lehm .	60	2	do.	6. Okt.	v. Bérenger.	—	—	Form ähnl. Nr. 6.
1a	Brod an der Kulpa Kroatien . . .	45.30	32.30	2	750	920	frisch, Triaskalk . .	100	1	do.	Oktober	Forstgeom. Pfister.	—	—	do. zwischen 6 u. 15.
1b	do. . . .	45.30	32.30	2	1000	670	do. do. . .	45	1	do.	do.	do.	—	—	do. ähnl. 33.
2	Grindelwald Schweiz	46.30	25.40	2	1120	460	feucht	100	1	do.	do.	Bergführ. Bohren.	—	—	do. do. 15.
3	Rev. Dol Toronavaner Wald bei Görz	46	31.15	1	1100	530	tiefgründ. humos. Jurakalk	53	1	do.	6. Nov.	Forstingen. Spanitz.	—	—	do. do. 33.
4	do.	46	31.15	1	1233	400	steriler Jurakalk . .	uralt	1	do.	5. Nov.	do.	—	—	do. do. 33.
5	do.	46	31.15	2	1310	320	feucht	70	1	do.	Oktober	do.	—	—	do. zwischen 19 u. 33.
6	Ofr. Pfirt Elsaß	47.30	25	5	600	900	Kalkgeröll humos . .	70	mehrere	do.	15. Okt.	Of. Thielemann.	—	—	S. Abb.
7	do.	47.30	25	4	670	830	trocken. benarbt. Jurakalk	100	1	do.	do.	do.	—	—	Form ähnl. 6.
8	Basel Bot. Garten	47.30	25.15	1	—	—	dürr	40—45	1	angeb.	20. Sept.	Gartendirection.	—	—	do. zwischen 6 u. 15.
9	Basel, Umgegend	47.30	25.15	3	700	800	feucht	30	1	wild	30. Sept.	do.	—	—	do. ähnl. 33.
10	Bomperthal Tirol	47.20	29.20	2	900	610	zieml. tief. Humus auf Kalk	40	1	do.	Oktober	Of. in Schwaz.	—	—	do. do. 15.
11	do.	47.20	29.20	4	1000	510	flachgründig auf Kalk	50	1	do.	do.	do.	—	—	do. do. 6.
12	Todtnau Schwarzwald	47.45	25.40	3	850	600	frisch	120	1	do.	Anf. Nov.	Of. Walli.	—	—	do. do. 6.
13	do.	47.45	25.40	3	1200	250	do.	100	1	do.	Ende Okt.	do.	—	—	do. do. 15.
14	do.	47.45	25.40	2	1250	200	do.	100	1	do.	Anf. Nov.	do.	—	—	do. do. 33.

1) Da für die obere Verbreitungsgrenze des Bergahorns ausreichende Angaben nicht vorhanden sind, wurden die Abstände auf die obere Verbreitungsgrenze der Buche bezogen, die der des Ahorns wahrscheinlich ähnlich verläuft.

*) Es bedeuten: 1 = eben; 2 = N, NO; 3 = O, SO; 4 = S, SW; 5 = W, NW.

№	Herkunft der Samen. Ort des Samenbezugs.	Geographische Breite nördl.	Geographische Länge östl. v. F.	Lage gegen die Himmelsrichtung.*)	Meereshöhe. Meter	Abstand von der oberen Verbreitungsgrenze. Meter	Boden.	Angaben über die Mutterbäume. Alter.	Zahl.	Angebaut oder wildwachsend.	Zeit des Sammelns.	Einsender.	Durchschnittliches Trockengewicht. Gr.	Volumen Kub.-Ctm.	Bemerkungen.
	Acer Pseudoplatanus.														
15	Maßmünster Elsaß	47.45	24.40	2	950	500	frisch humos	50	1	wild	28. Nov.	Of. Seybold.	—	—	S. Abb.
16	Ofr. Markirch Vogesen	48.15	25	4	650	700	trocken. Vogesensandstein	50	1	do.	4. Okt.	Of. Vogelgesang.	—	—	Form ähnl. 6.
17	do.	48.15	25	2	850	520	frisch tiefgründig	80	1	do.	5. Okt.	do.	—	—	do. do. 19.
18	do.	48.15	25	5	700	670	frisch. Granit	45	1	do.	3. Okt.	do.	—	—	do. do. 6.
19	Ofr. Weiler Vogesen	48.20	25	2	900	470	do.	65	1	angeb.	16. Okt.	Of. Kuchenbecker.	—	—	S. Abb.
20	Munkács Theißgebiet	48.15	40.30	1	380	990	humosreich. fr. Lehmbod.	120	1	wild	14. Nov.	Domänen-Direction.	—	—	Form ähnl. 19.
21	do.	48.15	40.30	2	900	470	do.	120	1	do.	15. Nov.	do.	—	—	do. do. 6.
22	do.	48.15	40.30	1	400	970	do.	120	1	do.	do.	do.	—	—	do. do. 15.
23	do.	48.15	40.30	5	970	400	do.	150	1	do.	17. Nov.	do.	—	—	do. do. 15.
24	do.	48.15	40.30	1	880	490	do.	90	·1	do.	do.	do.	—	—	do. zw. 6 u. 19.
25	Rappoltsweiler	48.15	25.5	4	550	820	dürr	45	1	do.	15. Okt.	Of. Doinet.	—	—	do. ähnl. 19.
26	Sigmaringen	48.15	26.45	4	660	710	trockner Kalk	60	1	do.	14. Nov.	v. Fischbach.	—	—	do. do. 6.
27	Hohenheim	48.45	26.50	1	386	880	trockener Sand	60	—	do.	Oktober	Prof. v. Nördlinger.	—	—	do. do. 15.
28	Lützelhausen Elsaß	48.50	25	4	450	800	naß	70	1	do.	6. Nov.	Of. Usener.	—	—	do. do. 6.
29	do.	48.50	25	5	850	400	dürr	80	2	do.	do.	do.	—	—	do. do. 15.
30	do.	48.50	25	3	780	470	naß	70	1	do.	do.	do.	—	—	do. do. 15.
31	Ofr. Kapfenburg bei Ellwangen	49	27.50	1	550	680	frisch	100	1	do.	14. Dec.	Rev.-F. Probst.	—	—	do. do. 6.
32	Rev. Stubbenbach Böhmerwald	49	31	3	1130	100	steinig trocken Granit	250—280	1	do.	Anf. Nov.	Prof. v. Purkyne.	—	—	do. do. 6.
33	do.	49	31	4	930	300	steinig trock. humos. Lehm	80—100	1	do.	do.	do.	—	—	S. Abb.
34	Rev. Neubrunn Böhmerwald	49	31	3	1060	170	trocken Gneis	30—40	mehrere	do.	19. Okt.	do.	—	—	Form ähnl. 15.
35	do.	49	31	4	1260	0	do.	400	1	do.	18. Nov.	do.	—	—	do. do. 6.
36	Rev. Zakamene Karpathen	49.30	37	5	680	420	steinig flachgründig. Lehm	60	1	do.	6. Nov.	Obfm. W. Rowland.	—	—	do. do. 33.
37	do.	49.30	37	1	740	360	guter etwas nasser Lehm	80	1	do.	8. Nov.	do.	—	—	do. do. 15.
38	do.	49.30	37	5	1080	20	mag. trock. steinig. Lehmbd.	180	1	do.	5. Nov.	do.	—	—	do. do. 15.
39	Dorf Zubrieza do	49.30	37	1	780	320	kräftiger Lehm	80	1	do.	do.	do.	—	—	do. do. 15.
40	do. do.	49.30	37	1	780	320	do.	80	1	do.	do.	do.	—	—	do. do. 15.
41	Rev. Mutne do.	49.30	37	1	860	240	magerer trockener Lehm	40	1	do.	28. Okt.	do.	—	—	do. zw. 15 u. 6.
42	Rev. Polhora do.	49.30	37	5	830	270	magerer Lehm	75	1	do.	3. Nov.	do.	—	—	do. ähnl. 33.
43	Rev. Villanova do.	49.30	38	3	840	260	trockener Lehm	50	1	do.	8. Nov.	do.	—	—	do. do. 19.
44	do. do.	49.30	38	4	1400	0	trockener Kalkschiefer	80	1	do.	3. Nov.	do.	—	—	do. do. 6.
45	Ofr. Geißfeld bei Bamberg	50	29.15	5	285	675	trock. Mergel- u. Lehmbd.	70	1	do.	Nov.	Of. Schumann.	—	—	do. do. 6.
46	Ofr. Königsstein Taunus	50.10	26.5	1	150	750	frisch	70	1	angeb.	5. Nov.	Of. Schwab.	—	—	do. do. 6.
47	Ofr. Oberems do.	50.10	26.5	2	500	400	zieml. frisch humos	90	mehrere	wild	10. Okt.	do.	—	—	do. do. 33.
48	Ofr. Erlau Thüringen	50.30	28.25	1	460	350	dürr	60	1	do.	Nov.	Of. Suabedissen.	—	—	do. do. 33.
49	Marburg Bot. Garten	50.45	26.25	1	180	590	feucht	45	1	angeb.	Oktober	Garten-Direction.	—	—	do. do. 15.
50	do.	50.45	26.25	1	180	590	do.	45	1	do.	do.	do.	—	—	do. do. 15.
51	Queisthal Schlesien	51	33	1	400	350	trocken	90	1	wild	do.	Of. Bormann.	—	—	do. do. 15.
52	Marschendorf Riesengebirge	50.40	33.30	1	760	0	naß	60	1	do.	5. Nov.	v. Purkyne.	—	—	do. do. 33.
53	do. do.	50.40	33.30	4	780	0	trocken	60	1	do.	do.	do.	—	—	do. do. 6.
54	Lampersdorf do.	50.45	33	3	450	320	mäßig feucht	120	mehrere	do.	18. Nov.	v. Thielau.	—	—	do. do. 6.
55	Poppelsdorf b. Bonn Bot. Garten	50.45	24.40	1	—	—	trocken	50—60	1	do.	Oktober	Garten-Direction.	—	—	do. do. 15.
56	Gießen Bot. Garten	50.35	26.20	1	—	—	mäßig feucht	80—100	1	angeb.	do.	do.	—	—	do. do. 33.
57	Görbersdorf Riesengeb.	50.50	33.50	1	560	200	humos	50	1	wild	10. Okt.	Amtsvorst. Strähler.	—	—	do. do. 6.
58	do.	50.50	33.50	5	860	0	trocken	60	1	do.	do.	do.	—	—	do. do. 15.
59	Halle Bot. Garten	51.30	29.40	1	110	560	frisch. kräft. Porphyrbod.	50—60	1	angeb.	22. Okt.	Forstk. Kuhl.	—	—	do. do. 6.
60	Ofr. Meißner Hessen	51.15	27.30	2	470	230	humos. Basalt	70	1	wild	18. Okt.	Of. Kopp.	—	—	do. do. 15.
61	Lichtenau do.	51.15	27.30	1	650	50	Basalt, frisch	100	1	do.	7. Nov.	Rev.-F. Müller.	—	—	do. do. 6.
62	Münden Kirchhof	51.25	27.20	1	200	500	frisch	40	1	angeb.	9. Nov.	—	—	—	do. do. 6.
63	Breslau Bot. Garten	51.10	34.40	1	—	—	trocken	30—40	1	do.	4. Nov.	Nees v. Esenbeck.	—	—	do. do. 33.
64	Ofr. Worbis	51.30	28	5	350	320	flachgründig. Muschelkalk	60—65	1	wild	16. Nov.	Of. Habenicht.	—	—	do. do. 15.
65	do.	51.30	28	1	360	310	do.	60—65	1	do.	9. Nov.	do.	—	—	do. do. 15.

66	Habichtswald	51.20	27	3	350	340	frischer Basalt	70	1	wild	11. Dec.	Ofcand. Martin.	—	—	Form ähnl. 15.
67	Lauterberg Harz	51.45	28.15	1	320	330	frisch	80—90	2	do.	19. Okt.	Of. Ohnesorge.	—	—	do. do. 19.
68	Thale Harz	51.45	28.45	4	160	480	—	—	1	do.	Oktober	Of. v. Hanstein.	—	—	do. do. 33.
69	do.	51.45	28.45	2	200	440	—	—	1	do.	do.	do.	—	—	do. do. 19.
70	do.	51.45	28.45	2	500	140	—	—	1	do.	do.	do.	—	—	do. do. 15.
71	do.	51.45	28.45	2	430	210	—	—	1	do.	do.	do.	—	—	do. do. 15.
72	do.	51.45	48.45	4	500	140	—	—	1	do.	do.	do.	—	—	do. do. 15.
73	do.	51.45	28.45	4	500	140	—	—	1	do.	do.	do.	—	—	do. do. 15.
74	Hasseröder Rev. Harz	51.50	28.25	1	220	420	Thalboden mäßig feucht	70—80	1	angeb.	15. Okt.	Of. Schwanecke.	—	—	do. do. 80.
75	Ofr. Clausthal	51.45	28	1	660	0	frisch kräftig	60	mehrere	do.	Anf. Dec.	Of. Harms.	—	—	do. do. 80.
76	Ofr. Zöckeritz	51.35	30	1	—	600	Niederungsboden	80	1	wild	Anf. Nov.	Of. Brecher.	—	—	do. do. 33.
77	Ofr. Börnichen	52	31.35	1	55	570	frisch	60—80	1	do.	Herbst	Of. Stosch.	—	—	do. do. 15.
78	Ofr. Seegeberg Holstein	53.55	28	2	16	500	sandig lehmig trocken	40	1	angeb.	20. Nov.	Of. Emeis.	—	—	do. do. 6.
89	Ofr. Quickborn do.	53.40	27.40	1	—	500	frisch	20	1	wild	20. Okt.	Of. Ernst.	—	—	do. do. 33.
80	Ofr. Schwartau do.	54	28.30	1	20	500	do.	40	1	angeb.	18. Okt.	Of. Meyer.	—	—	S. Abb.
81	Kiel Inst. Garten	54.20	27.45	1	20	500	dürr	60	1	do.	7. Okt.	Ass. Hennings.	—	—	Form zw. 80 u. 33.
82	Ofr. Schleswig	54.30	27.10	4	50	420	do.	60	mehrere	wild	Anf. Nov.	Of. Heldt.	—	—	do. ähnl. 33.
83	Oliva Kgl. Garten	54.30	36.10	1	33	440	feucht	60—80	1	angeb.	Herbst	Garten-Direction.	—	—	do. do. 6
84	Greifswald	54.5	31	1	—	500	frisch tiefgründig	60—80	1	wild	Ende Okt.	Forstm. Wiese.	—	—	do. do. 33.
85	Ofr. Glücksburg	54.50	27.15	1	15	440	lehmig. Sand trocken	40	1	do.	do.	Of. Kassuben.	—	—	do. do. 6.
	Acer platanoides.														
1	Grindelwald Schweiz	46.30	25.40	4	1120	—	dürr?	100	1	do.	Oktober	Pet. Bohren	—	—	do. do. 8.
2	fehlt.	—	—	—	—	—	—	—	—	—	—	—	—	—	—
3	Basel Umgegend	47.30	25.15	3	—	—	feucht	30	1	wild	30. Sept.	Direkt. d. bot. Gartens.	—	—	Form ähnl. 29
4	Rappoldsweiler	48.15	25.5	3	550	—	dürr	50	1	do.	3. Nov.	Of. Doinet.	—	—	do. zw. 8 u. 29.
5	Carlswahl	?	26.45?	1	100	—	trocken	40	1	do.	14. Nov.	v. Fischbach.	—	—	do. ähnl. 8.
6	Hohenheim	48.45	26.50	1	386	—	trockener Sand	60	mehrere	do.	Oktober	v. Nördlinger.	—	—	do. do. 8.
7	Kapfenburg (Ellwangen)	49	27.50	1	550	—	frisch	120	1	do.	14. Dec.	Rev.-F. Probst.	—	—	do. do. 8.
8	Rev. Zackamene Karpathen	49.30	37	4	630	—	trocken steinig Lehmbd.	70	1	do.	6. Nov.	Obfm. W. Rowland.	—	—	S. Abb.
9	Ofr. Königstein Taunus	50.10	26.5	1	150	—	frisch	35	1	—	5. Nov.	Of. Schwab.	—	—	Form zw. 8 u. 29.
10	Gießen Bot. Garten	50.35	26.20	4	—	—	zieml. trocken	50	mehrere	angeb.	Oktober	Garten-Direktion.	—	—	do. ähnl. 29.
11	Poppelsdorf b. Bonn Bot. Garten	50.45	26.40	1	—	—	trocken	50—60	do.	do.	do.	do.	—	—	do. do. 8.
12	fehlt.	—	—	—	—	—	—	—	—	—	—	—	—	—	—
13	Lampersdorf Riesengebirge	50.45	33	3	460	—	mäßig feucht	120	1	wild	18. Okt.	v. Thielau.	—	—	Form ähnl. 29.
14	Görbersdorf Riesengeb.	50.50	33.50	5	560	—	humos	80	1	do.	12. Okt.	Strähler.	—	—	do. do. 29.
15	Queisthal Schlesien	51	33	2	400	—	trocken	50	1	do.	Oktober	Of. Bormann.	—	—	do. do. 29.
16	Breslau Bot. Garten	51.10	34.40	1	—	—	do.	50—60	1	angeb.	4. Nov.	Nees von Esenbeck.	—	—	do. do. 8.
17	Ofr. Meißner Hessen	51.15	27.30	2	470	—	Humos Basalt	62	1	wild	20. Okt.	Of. Kopp.	—	—	do. zw. 8 u. 23.
18	Habichtswald	51.20	27	3	350	—	frischer Basalt	70	mehrere	do.	11. Dec.	Of.-Cand. Martin.	—	—	do. zw. 8 u. 23.
19	Ofr. Worbis	51.30	28	1	—	—	—	—	—	—	—	Of. Habenicht.	—	—	do. ähnl. 29.
20	Ofr. Clausthal Harz	51.45	28	1	660	—	frisch kräftig	60	mehrere	angeb.	Dec.	Of. Harms.	—	—	do. do. 8.
21	Lauterberg do.	51.45	28.15	1	330	—	frisch	75—80	1	wild	19. Okt.	Of. Ohnesorge.	—	—	do. zw. 8 u. 29.
22	Hasseröder Rev. Harz	51.50	28.25	5	220	—	trocken Kies	60	1	angeb.	15. Okt.	Of. Schwanecke.	—	—	do. ähnl. 29.
23	Gr. Rietz Brandenburg	52.15	31.45	1	—	—	frisch	90	1	do.	Oktober	—	—	—	S. Abb.
24	Ofr. Schleswig	54.30	27.10	4	50	—	dürr	60	1	wild	Anf. Nov.	Of. Heldt.	—	—	Form ähnl. 29.
25	Oliva Kgl. Garten	54.30	36.10	1	33	—	mittelfeucht	60—80	1	angeb.	Herbst	Gartendirektion.	—	—	do. do. 29.
26	Ofr. Drusken Ostpreußen	54.45	39.20	1	15	—	frisch	60	1	wild	19. Okt.	Of. Neuhaus.	—	—	do. do. 8.
27	Dorf Wischwill do. b. Tilsit	55	40	1	6,5	—	Sandboden trocken	120	1	angeb.	2. Nov.	Of. Liszak.	—	—	do. do. 29.
28	do.	55	40	1	6,5	—	—	—	—	—	—	do.	—	—	do. do. 8.
29	Ofr. Hadersleben	55.15	27.10	1	33	—	frischer Lehm	25	1	angeb.	1. Nov.	Of. Kienast.	—	—	S. Abb.
30	Ofr. Ibenhorst	55.15	39	1	—	—	frischer Sand	70—80	1	do.	19. Okt.	Of. Art.	—	—	Form ähnl. 8.
31	Christiania Norwegen	60	28	1	10	—	dürr	jung	mehrere	—	Oktober	Prof. Schübeler.	—	—	do. do. 29.
	Alnus glutinosa.														
1	Brod a. d. Kulp. Kroatien	45.30	32.30	2	400	—	feucht	65	1	wild	Mitte Nov.	Pfister, Forstgeometer.			
2	do.	45.30	32.30	—	660	—	do.	65	1	do.	do.	do.			
3	Ofr. Colmar-Ost Rheinthal	48.5	25	1	190	—	sehr feuchter Lehmbd.	45	1	do.	15. Nov.	Of. Schwarz.			
4	München	48.10	29.10	2	560	—	feucht	80—90	1	angeb.	Ende Okt.	—			
5	Hohenheim	48.45	26.50	1	370	—	zieml. naß	30	mehrere	wild	Oktober	v. Nördlingen.			
6	Ofr. Lützelhausen Elsaß	48.45	25	4	420	—	naß	80	1	do.	6. Nov.	Of. Usener			

*) Es bedeuten: 1 = eben; 2 = N, NO; 3 = O, SO; 4 = W, SW; 5 = W, NW.

№	Herkunft der Samen. Ort des Samenbezugs.	Geographische Breite nördl.	Geographische Länge östl. v. F.	Lage gegen die Himmelsrichtung.*)	Meereshöhe. Meter	Abstand von der oberen Verbreitungsgrenze. Meter	Boden.	Angaben über die Mutterbäume. Alter.	Zahl.	Angebaut oder wildwachsend.	Zeit des Sammelns.	Einsender.	Durchschnittliches Trockengewicht. Gr.	Volumen Kub.-Ctm.	Bemerkungen.
	Alnus glutinosa.														
7	Ofr. Lützelhausen, Elsaß	48.45	25	2	500	—	naß	60	1	wild	6. Nov.	Of. Usener.			
8	Munkács	48.15	40.30	1	260	—	humoskalkhaltig.Lehmbd.	40	1	do.	15. Nov.	Domänen-Direction.			
9	do.	48.15	40.30	1	103	—	aufgeschw.hum.Flußnied.	40	1	do.	23. Nov.	do.			
10	Ofr. Eberstadt (Hessen)	49.50	26.20	1	100	—	frisch (Bachufer)	66	1	do.	Anf. Dec.	Of. Joseph.			
11	Kyllwald Eifel	50	24.10	1	440	—	feucht, moorig	60—70	1	do.	Decbr.	Ofcand. Paar.			
12	Hauptsmoorwald bei Bamberg	50	29.15	1	245	—	feucht sandig. Lehm	60	2	do.	Oktober	Forstm. J. Dütsch.			
13	Poppelsdorf bei Bonn Bot. Garten	50.45	24.40	1	—	—	feucht	50—60	1	do.	do.	Garten-Direction.			
14	Görbersdorf Riesengeb.	50.50	33.50	5	560	—	humos	35	1	do.	10. Okt.	Straehler.			
15	Gießen Bot. Garten	50.35	26.20	1	—	—	naß	10—12	1	angeb.	Oktober	Garten-Direction.			
16	Marburg Bot. Garten	50.45	26.25	1	180	—	feucht	20	1	do.	do.	do.			
17a	Ofr. Marburg	50.45	26.25	1	230	—	naß	50—70	1	wild	do.	Ofr. Hertel.			
17b	do.	50.45	26.25	1	230	—	do.	30—50	1	—	do.	do.			
18	Neustadt Reg.-Bez. Cassel	50.50	26.45	1	230	—	feucht	50	1	wild	3. Dec.	Forstcand. Wallis.			
19	Marschendorf Riesengeb.	50.40	33.30	4	760	—	lehmig naß	45	1	do.	Oktober	v. Purkyne.			
20	Queisthal Schlesien	51	33	1	400	—	feucht	80	1	do.	do.	Of. Bormann.			
21	Reinhardswald	51.25	27.15	1	350	—	naß	30	2	do.	3. Nov.	—			
22	Lauterberg Harz	51.45	28.15	1	320	—	frisch am Fluß	60	1	do.	24. Okt.	Of. Ohnesorge.			
23	Göttingen Bot. Garten	51.30	27.35	2	—	—	naß	40—50	1	angeb.	7. Okt.	Garten-Direction.			
24	Thale Harz	51.45	28.45	4	200	—	—	—	1	wild	Oktober	Of. v. Hanstein.			
25	do.	51.45	28.45	2	300	—	—	—	1	do.	do.	do.			
26	do.	51.45	28.45	4	—	—	—	—	1	do.	do.	do.			
27	Hasseröder Revier Harz	51.50	28.25	5	220	—	feucht am Wasser	70	1	do.	10. Nov.	Of. Schwanecke.			
28	Habichtswald	51.20	27	2	420	—	feucht. Lehm	50	mehrere	do.	9. Dec.	Of.-Cand. Martin.			
29	Ofr. Zöckeritz	51.35	30	1	—	—	Niederungsbd. der Mulde	60	1	do.	Anf. Nov.	Of. Brecher.			
30	Börnichen Spreewald	52	31.35	1	55	—	naß	60	mehrere	do.	Herbst	Of. Stosch.			
31	Gr. Rietz	52.15	31.45	1	—	—	Wiesenrand frisch	50	2	do.	Dec.	—			
32	Ofr. Quickborn Holstein	53.50	27.35	1	—	—	zieml. naß	20	1	do.	30. Okt.	Ofr. Ernst.			
33	Ofr. Schwartau	54	28.30	1	3	—	naß	40	1	do.	18. Okt.	Of. Meyer.			
34	Sobbowitz Westpreußen	54.15	36.15	3	140	—	do.	65	1	do.	—	Forstm. Schulze.			
35	Oliva Kgl. Garten	54.30	36.10	1	33	—	sehr feucht	60—80	1	angeb.	Herbst	Garten-Direction.			
36	Kiel Bot. Garten	54.20	27.45	1	10	—	feucht	80	1	wild	19. Okt.	Aſſ. Hennings.			
37	Ofr. Glücksburg	54.50	27.15	1	1	—	nasser Bruchboden	40	1	do.	Ende Okt.	Of. Kassuben.			
38	Schmalleninken	55	40.10	1	—	—	feucht	65	1	do.	do.	Of. Lizak.			
39	Ofr. Ibenhorst	55.15	39	1	—	—	feucht Moorboden	45	1	do.	24. Okt.	Of. Axt.			
	Alnus viridis.														
1	Vomperthal Tyrol	47.20	29.20	4	900	—	feucht tiefgründig. auf Kalk	20	3	wild	Oktober	Of. in Schwaz.			
2	do.	47.20	29.20	2	1500	—	feucht flach auf Kalk	20	3	do.	do.	do.			
3	Oliva Bot. Garten	54.30	36.10	1	33	—	feucht	60—80	1	angeb.	Herbst	Garten-Direction.			
	Alnus incana.														
1	Tyrol Rafeis bei Trins	47.15	29	4	1400	—	naß	50—60	1	wild	3. Nov.	Direct. d. Bot.Gart. Innsbruck.			
2	Vomperthal Tyrol	47.20	29.20	2	800	—	feucht humos auf Kalk	25	2	do.	Oktober	Of. in Schwaz.			
3	do.	47.20	29.20	4	900	—	feuchter Lehmboden	15	1	do.	do.	do.			
4	Rev. Villanova Karpathen	49.30	38.30	1	800	—	frischer kräftig. Kalkbd.	35	mehrere	do.	8. Nov.	Ofm. W. Rowland.			
5	Marschendorf Riesengeb.	50.40	33.30	1	260	—	kräftig. Lehm	25	do.	angeb.	—	v. Purkyne.			
6	Ofr. Börnichen Spreewald	52	31.30	1	55	—	naß	40	do.	ursprüngl. angeb. Anflug	Herbst	Of. Stosch.			
	Betula alba.														
1	Vomperthal Tyrol	47.20	29.20	4	900	—	feucht auf Kalk	45	1	wild	Oktober	Of. in Schwaz.			
2	do.	47.20	29.20	2	1570	—	do.	25	2	do.	do.	do.			
3	Munkács Theißgebiet	48.15	40.30	5	570	—	humosr. kalkhalt. Lehmbd.	70	1	do.	14. Nov.	Domänen-Direction.			

4	Munkács Theißgebiet	48.15	40.30	5	600	—	—	50	1	wild	15. Nov.	do.
5	Lützelburg Elsaß	48.45	25	2	700	—	dürr	60	1	do.	6. Nov.	Of. Usener.
6	do.	48.45	25	2	950	—	do.	90	1	do.	do.	do.
7	Kapfenburg b. Ellwangen	48.55	27.60	4	580	—	feucht	50	1	do.	14. Dec.	Rev.-F. Probst.
8	Hohenheim	48.45	26.50	1	380	—	Sandstein	—	1	do.	Jan. 78	v. Nördlinger.
9	Rev. Fillipshütte	49	31	5	—	—	nasser Moorgrund	50	1	do.	Nov.	v. Purkyne.
10	do.	49	31	4	—	—	trocken	40	1	do.	do.	do.
11	Hauptsmoorwald bei Bamberg	50	29.15	1	245	—	sandiger Lehm trocken	60	mehrere	do.	Oktober	Forstm. Jos. Dütsch.
12	Marschendorf Riesengebirge	50.40	33.30	2	830	—	sehr trocken steinig	60	1	do.	4. Okt.	v. Purkyne.
13	Ofr. Marburg	50.45	26.25	1	300	—	versumpfter Ort	40—60	1	do.	Anf. Okt.	Of. Hertel.
14	Ofr. Erlau Thüringen	50.30	28.25	1	430	—	dürr	70	1	do.	Nov.	Of. Suabedissen.
15	Ofr. Neustadt Reg.-Bez. Cassel	50.50	26.45	1	233	—	feucht	60	1	do.	3. Dec.	Forst-Cand. Wallis.
16	(B. verucosa) Münden Bot. Garten	51.25	27.20	1	180	—	frischer Lehm	15	1	angeb.	16. Okt.	—
17	(B. pubescens) do.	51.25	27.20	1	180	—	do.	15	1	do.	do.	—
18	Göttingen Bot. Garten	51.30	27.30	—	—	—	naß	60	1	do.	4. Okt.	Garten-Direction.
19	Thale Harz	51.45	28.50	2	160	—	—	—	1	wild	Oktober	Of. v. Hanstein.
20	do.	51.45	28.50	4	250	—	—	—	1	do.	do.	do.
21	Habichtswald	51.20	27	3	330	—	frischer Basalt	60	1	do.	9. Dec.	Of.-Cand. Martin.
22	do.	51.20	27	2	420	—	frischer Lehm	40	1	do.	11. Dec.	do.
23	do.	51.20	27	4	440	—	trock. Basaltsteinbruch	40	1	do.	16. Okt.	do.
24	Zöckeritz	51.40	30	1	—	—	trocken gelegt. Bruchbd.	20—25	mehrere?	do.	Anf. Nov.	Ofr. Brecher.
25	do.	51.40	30	1	—	—	do.	60—70	—	do.	do.	do.
26	do.	51.40	30	1	—	—	do.	60—70	1	do.	do.	do.
27	do.	51.40	30	1	—	—	do.	60—70	1	do.	do.	do.
28	do.	51.40	30	1	—	—	do.	70—80	1	do.	do.	do.
29	do.	51.40	30	1	—	—	do.	70—80	1	do.	do.	do.
30	do.	51.40	30	1	—	—	do.	60	1	do.	do.	do.
31	Gahrenberg	51.25	27.15	1	400	—	frisch	30	1	do.	15. Sept.	—
32	do.	51.25	27.15	1	400	—	do.	50	1	do.	do.	—
33	Ofr. Börnichen Spreewald	52	31.35	1	55	—	trocken	30	mehrere	do.	Herbst	Of. Stosch.
34	Ofr. Schwartau	54	28.30	1	3	—	naß	80	1	do.	18. Okt.	Of. Meyer.
35	Kiel Inst.-Garten	54.20	27.50	2	20	—	trocken	60	1	do.	22. Sept.	Ass. Hennings.
36	Ofr. Alt Sternberg	54.50	39.10	1	—	—	naß	80—100	1	do.	12. Okt.	Of. Schönebeck.
37	Ofr. Sobbowitz	54.15	36.15	4	140	—	do.	65	1	do.	Nov.	Forstm. Schulze.
38	Oliva Kgl. Garten	54.30	36.10	1	33	—	trocken	40—60	1	angeb.	Herbst	Garten-Direction.
39	Ofr. Ibenhorst Ostpreußen	55.15	39	1	—	—	feuchter Moorboden	40	1	wild	25. Sept.	Of. Axt.
40	Christiania Norwegen	60	28	1	60	—	dürr	—	2	beides	29. Sept.	Prof. Schübeler.
(41)	Görbersdorf Riesengeb.	50.50	33.50	5	560	—	humos	35	1	do.	10. Okt.	Strähler.
	Tilia parvifolia.											
1	Rev. Zakamene Karpathen	49.30	37	4	640	—	trocken steinig Lehm	80	mehrere	wild	6. Nov.	Ofm. W. Rowland.
2	do.	49.30	37	2	950	—	frisch steinig Lehm	70	1	do.	5. Nov.	do.
3	Arva Baralja do.	49.30	37	4	520	—	trocken Lehm auf Kalk	90	1	do.	Anf. Nov.	do.
4	Oliva Kgl. Garten	54.30	36.10	1	33	—	sehr feucht	60—100	1	angeb.	Herbst	Garten-Direction.
	Robinia Pseudacacia.											
1	Kapfenburg (Ellwangen)	—	—	5	500	—	trocken	30	1	angeb.	14. Dec.	Rev.-F. Probst.
	Acer campestre.											
1	Grindelwald	46.30	25.40	4	1130	—	dürr	60	1	wild	Oktober	Bergf. Bohren.
2	Arva Baralja Karpathen	49.30	37	4	550	—	steinig Lehm auf Kalk	40	1	do.	8. Nov.	Ofm. W. Rowland.
3	Marschendorf Riesengeb.	50.40	33.30	1	260	—	kräftiger Lehm	70—80	1	do.	Januar	v. Purkyne.
4	Poppelsdorf bei Bonn	50.45	24.40	1	—	—	mäßig feucht	40—50	1	do.	Oktober	Garten-Direction.
	Fraxinus excelsior.											
1	Vomperthal Tyrol	47.20	29.20	2	800	—	feucht Lehm auf Kalk	40	1	wild	do.	Of. in Schwaz.
2	Kapfenburg (Ellwangen)	48.55	27.50	2	600	—	trocken	50	mehrere	do.	14. Dec.	Rev.-F. Probst.
3	Stubenbach Böhmerwald	49	31	3	880	—	feucht guter Boden	40	1	angeb.	Ende Okt.	v. Purkyne.
4	Rev. Zakamene Karpathen	49.30	37	5	680	—	steinig trocken Lehmbd.	60	1	wild	6. Nov.	Ofm. W. Rowland.
5	do. do.	49.30	37	2	720	—	feucht Lehm	35	1	do.	8. Nov.	do.
6	do. do.	49.30	37	3	800	—	kräftig Lehm	40	1	do.	5. Nov.	do.
7	Dorf Zubrieza do.	49.30	37	1	770	—	kräftiger Lehmboden	60	1	do.	4. Nov.	do

*) Es bedeuten: 1 = eben; 2 = N, NO, 3 = O, SO; 4 = S, SW, 5 = W, NW.

№	Herkunft der Samen. Ort des Samenbezugs.	Geographische Breite nördl.	Geographische Länge östl. v. F.	Lage gegen die Himmelsrichtung.*)	Meereshöhe. Meter	Abstand von der oberen Verbreitungsgrenze. Meter	Boden.	Angaben über die Mutterbäume. Alter.	Zahl.	Angebaut oder wildwachsend.	Zeit des Sammelns.	Einsender.	Durchschnittliches Trockengewicht. Gr.	Volumen Kub.-Ctm.	Bemerkungen.
8	Rev. Muttne Karpathen	49.30	37	1	820	—	trocken kräft. Lehmbod.	80	1	wild	30. Okt.	Ofm. W. Rowland.			
9	Dorf Zubrieza do.	49.30	37	1	770	—	kräftig Lehmboden	60	1	do.	4. Nov.	do.			
10	Rev. Varalja do.	49.30	37	1	530	—	kräftig trockener Lehm	25	1	do.	28. Okt.	do.			
11	do. do.	49.30	37	1	530	—	do.	25	1	do.	do.	do.			
12	Poppelsdorf b. Bonn Bot. Garten	50.45	24.40	1	—	—	mäßig feucht	50—60	mehrere	do.	Oktober	Garten=Direction.			
13	Korolow Galizien	etwa 50	—	1	352	—	frisch	43	1	do.	1. Nov.	v. Purkyne.			
14	do.	do.	—	1	352	—	do.	43	1	do.	do.	do.			
15	Ofr. Börnichen Spreewald	52	31.30	1	55	—	feucht	60—80	1	do.	Herbst	Of. Stosch.			
16	Ulfshuus Schleswig	55.10	27.5	1	—	—	naß	—	1	do.	1. Nov.	Of. Kienast.			
	Carpinus betulus.														
1	Colmar Rheinthal	48.5	25	1	190	—	sehr feuchter Lehm	60	1	do.	15. Nov.	Of. Schwarz.			
2	Kapfenburg (Ellwangen)	48.55	27.50	2	600	—	frisch	40	1	do.	14. Dec.	Rev.=F. Probst.			
3	Arva Varalja Karpathen	49.30	37	1	540	—	kräft. Lehmbd. auf Kalk	70	1	do.	28. Okt.	Ofm. Rowland.			
4	Stoito (Karpathen?)	?	?	1	357	—	frisch	50	3	do.	2. Nov.	v. Purkyne.			
5	Poppelsdorf b. Bonn Bot. Garten	50.45	24.40	1	—	—	trocken	40—50	1	do.	Oktober	Garten=Direction.			
6	Ofr. Neustadt Reg.=Bez. Cassel	50.50	26.45	2	250	—	frisch	50	1	angeb.	1. Dec.	Forstkand. Wallis.			
7	do.	50.50	26.45	5	234	—	do.	70	1	do.	19. Nov.	do.			
8	do.	50.50	26.45	1	253	—	frisch lehmig. Sand	80	1	wild	20. Nov.	do.			
9	Ofr. Börnichen	52	31.30	1	55	—	frisch	60—80	1	do.	Herbst	Of. Stosch.			
	Sorbus aucuparia.														
1	Kotpiecka Dobrowa Karpathen?	?	?	1	321	—	frisch	25	mehrere	wild	5. Nov.	v. Purkyne.			

*) Es bedeuten: 1 = eben; 2 = N, NO; 3 = O, SO; 4 = S, SW; 5 = W, NW.

Uebersicht der verschiedenen Formen der verwendeten Samen, Früchte und Zapfen.

Um einen Ueberblick über die verschiedenen Abänderungen der Aussaatobjecte zu ermöglichen, wurden diejenigen derselben, welche bestimmte, auffallende Charactere zeigten, abgebildet, bei den übrigen wurde dann auf diese characteristischen Formen Bezug genommen. Die Abbildungen wurden alle möglichst genau nach der Natur, zum Theil photographisch angefertigt, und zum Gegenstand derselben nicht etwa besonders hervorstechende Exemplare aus den einzelnen Nummern gewählt, sondern solche mittlerer Größe, welche die Grundform aller am klarsten darzustellen schienen. Die Angaben über die einzelnen Nummern wurden schon in dem Verzeichniß gemacht, hier bleibt nur übrig, einiges Allgemeine zu sagen. Um den Verwechselungen in der Bezeichnung vorzubeugen, tragen die abgebildeten Frucht- und Zapfenformen in Klammern die Nummern des Verzeichnisses neben der laufenden Nummer der Tafel.

1. Quercus pedunculata. Stieleiche.

Die Eicheln sind im Jahre 1877 an vielen Orten Mitteleuropas nicht reif geworden, sondern blieben vielfach klein, verkümmert, ohne Keimfähigkeit. Dennoch kamen von ganz verschieden gelegenen Orten gute Eicheln an, besonders aus Slavonien, Ungarn und Böhmen, aber auch aus dem Elbgebiete und aus Holstein. Diese alle zeigen in hohem Grade verschiedene Formen, doch lassen sich nicht etwa je nach der Gegend der Herkunft bestimmte Abweichungen unterscheiden, sondern selbst unter Eicheln, die auf benachbarten Stämmen wuchsen, traten oft sehr bedeutende Verschiedenheiten auf, wie die Abbildungen der Nummern zwischen 1 und 10 (Tafel I Fig. 1—7) beweisen, welche alle aus derselben Gegend in Slavonien stammen. Bemerkenswerth ist indeß, daß die aus Mittel- und Norddeutschland stammenden Eicheln Formen haben, die von einander viel weniger abweichen als die südlichen; dieselben stehen gewöhnlich zwischen den Formen No. 30 und 43. (Tafel I Fig. 12 und 14.) Die Eicheln aus dem südöstlichen Gebiet, Slavonien und Ungarn und zum Theil auch die aus Südböhmen zeichnen sich indeß durch ihr frisches, kräftiges Ansehen auch im trocknen Zustand aus, welches durch die glänzende Farbe der gelben Fruchtschale bewirkt wird, während die aus nördlicheren Gegenden beim Trockenwerden eine mattere, graugelbe Farbe annehmen. Die Fruchtbecher sind gleichfalls sehr verschieden, doch waren dieselben nur so wenigen Nummern beigefügt, daß ihre Vergleichung keinen Erfolg versprach. Zum Theil ist diese Verschiedenheit durch die Größe der Eicheln bedingt, zum Theil aber ist sie auch vollständig unabhängig von dieser, wie die Abbildungen zeigen. Nach Willkomm (Forstliche Flora S. 330) soll die Form der Eicheln bisweilen an ein und demselben Baum je nach den Jahrgängen wechseln. Es ist sehr leicht möglich, daß dies durch Kreuzbefruchtung mit in jedem Jahr anderen Bäumen bewirkt wird. Wird zwar durch dieselbe sonst direct nur der Same beeinflußt, so muß sich doch auch eine so eng anliegende Fruchthülle, wie sie es bei der Eichel ist, nach diesem richten. Es kann daher hier durchaus nicht die Absicht vorliegen, auf diese so schwankenden Fruchtformen hin besondere Varietäten zu begründen, sondern dieselben werden hier nur so eingehend behandelt, um in der Lage zu sein, später feststellen zu können, ob die Fruchtform einer Nummer, namentlich die Größe der Frucht, zu der weiteren Entwicklung der aus ihr hervorwachsenden Bäumchen in Beziehung zu bringen ist. Uebrigens waren sämmtliche Eicheln ein und derselben Nummer fast immer einander so ähnlich, daß sie wenig von der abgebildeten Mittelform abwichen.

2. Quercus sessiliflora. Traubeneiche.

Von dieser Art waren nur sehr wenige Nummern eingesandt und diese noch dazu zum großen Theil verkümmert. Die Fruchtformen waren auch hier sehr abweichende, doch zeigten sie nichts, was sie streng von den Eicheln der Stieleiche unterschieden hätte. Die Einzelheiten sind in dem vorstehenden Verzeichniß aufgeführt.

3. Fagus sylvatica. Buche.

Die Buchecken wichen im Allgemeinen in der Form wenig von einander ab. Es schien nicht der Mühe werth zu sein, bei jeder einzelnen Nummer auf die Unterschiede einzugehen, da sie meist unbedeutend und schwer erkennbar sind. Um indeß die Grenzen darzustellen, innerhalb welcher die Form schwankt, wurden Eckern aus fünf verschiedenen Nummern gezeichnet, indem, ebenso wie bei den Eicheln, innerhalb der Nummern nicht die auffallendste, sondern eine mittlere Form als Vorbild gewählt wurde. Die Form und Größe der meisten Nummern steht zwischen derjenigen der unter Nr. 12, 15 und 26 (Taf. 1 Fig. 15—17) dargestellten Eckern. Die auffallende Form 69 (Taf. 1 Fig. 18) stammt aus der Oberförsterei Marburg in Hessen, von einem ziemlich hohen, dürren Standort, die noch merkwürdigere 76 aus der Oberförsterei Neustadt in Hessen (Reg.-Bez. Cassel) von einem Baum, der allein unter den Nachbarn diese auffallenden Früchte trug.

4. Acer Pseudoplatanus. Bergahorn.

Von dieser Baumart gingen aus den verschiedensten Gegenden und Lagen Früchte ein. Dieselben hatten sehr verschiedene Formen, doch ließen sich vier Gruppen bilden, deren mittlere Form etwa durch die der abgebildeten Nr. 6, 15, 19 und 33 (Taf. 2 Fig. 1—4) dargestellt sind. Die am häufigsten vorkommende Form scheint Nr. 15 zu sein, das Samenkorn derselben ist fast kugelförmig, der Flügel schmal, gerundet. Gleichfalls häufig ist die Form Nr. 6 mit mehr eiförmigem Korn, dessen Schale allmäliger in den schlanken, zugespitzten Flügel übergeht. Die Form 33, welche weniger zahlreich eingesandt wurde, ist in der Gestalt des Kornes der Nr. 6 ähnlich, der gewöhnlich stark gebogene, kräftig geaderte Flügel verbreitert sich aber bedeutend nach hinten und zeichnet sich meist durch seine Größe aus. Die letzte, nur in wenigen Nummern eingelieferte Gruppe kennzeichnet sich deutlich durch das große, breite Samenkorn. S. Nr. 19. Der Flügel ist an der Ansatzstelle gewöhnlich schmaler als jenes, wodurch eine deutliche Einbuchtung oder ein scharfer Knick am oberen Rande entsteht, er ist außerdem im Verhältniß zu dem Korn von mäßiger Größe. Zwischen allen Formen finden sich einzelne Uebergänge, auch einzelne Nummern mit ganz auffallenden Gestalten, von denen eine, Nr. 80, dargestellt wurde. Die Bemühungen, bei diesen dennoch meist scharf zu trennenden Gruppen irgend welche Beziehungen zwischen Form und Heimathsort aufzufinden, waren vergeblich. Alle wachsen zerstreut durch das ganze Gebiet, welches hier in Frage kommt. Nur in einigen Fällen war es erkennbar, daß wenigstens mehrere Nummern aus derselben Gegend einander sehr ähnlich waren, z. B. die Nummern 70—73 aus dem Harz; die übrigen Nummern aus demselben Gebirge gehörten indeß anderen Gruppen an.

Zu demselben, in Bezug auf die geographische Trennung der Formen, negativen Resultat führte die Vergleichung der Fruchtformen von

5. Acer platanoides. Spitzahorn.

(Taf. 2 Fig. 6—8.)

Die zugesandten Früchte lassen sich auf zwei Gruppen vertheilen, deren Form durch die Nummern 8 und 29 dargestellt wurde. Beide Formen wurden in etwa gleicher Anzahl eingesandt. Die eine (29) hat Flügel mit geradem Oberrand, der untere Rand ist mehr oder weniger ausgebaucht. Bei der anderen ist schon der obere Rand stark nach unten eingebogen, und da auch der untere Rand allein ähnlich stark wie bei der anderen Form ausgebaucht ist, erscheint die Biegung desselben noch bedeutender als bei dieser. Als eine besonders auffallende Form wurde noch Nr. 23 (Fig. 8) abgebildet. Früchte beider Gruppen kommen zerstreut durch ganz Deutschland vor.

6. Alnus glutinosa. Schwarzerle.

Auch die Früchte und Zapfen der Erle waren bei den einzelnen Nummern nicht gleich gebildet, doch sind die Unterschiede zu wenig in die Augen fallend, als daß es sich lohnte, hier näher auf dieselben einzugehen. Von allen wurden indeß Proben zurückgelegt, so daß doch, wenn sich an den jungen Pflanzen auffallende Unterschiede zeigen sollten, dieselben bis zum Fruchtkorn zurück verfolgt werden können.

Das Gleiche gilt von Alnus incana und viridis, sowie von Betula alba,

Tilia parvifolia, Robinia Pseudacacia, Acer campestre, Fraxinus excelsior, Carpinus betulus und Sorbus aucuparia; die meisten derselben gingen außerdem in zu geringer Zahl ein, als daß aus einer Vergleichung der Formen ein Erfolg zu erwarten wäre.

Ein reiches Vergleichs-Material stand indeß an Nadelholzzapfen zu Gebot. Bei ihrer Besprechung soll das gleiche Verfahren wie bei den Laubholzfrüchten eingehalten werden. Gewisse charakteristische Formen wurden als Vertreter einer Gruppe ähnlicher Nummern abgebildet, die übrigen mit diesen verglichen. Zahlreiche genaue Messungen über die Zapfengröße finden sich in dem Verzeichniß bei den einzelnen Nummern.

7. Abies pectinata. Weißtanne.

Nicht alle der 109 zugesandten Nummern konnten in noch erhaltenen Zapfen geliefert werden, die meisten zerfielen während der Reise oder bald nach der Ankunft[1]), es war daher nur noch möglich die Länge der Zapfen zu bestimmen, während eine genaue Vergleichung der Formen sich nicht ausführen ließ. Unter den erhaltenen Zapfen zeigten sich aber characteristische Formen, als deren Vertreter die abgebildeten Nummern anzusehen sind. Die Form der abgerundeten Placentarschuppen scheint zwar weniger veränderlich zu sein, dagegen weichen die eigentlichen Fruchtblätter, von denen am erhaltenen Zapfen nur die Spitzen zu sehen sind, bedeutend von einander ab, wie die Zeichnungen der Tafel 2 erkennen lassen. Ihre Spitzen sind gewöhnlich, doch nicht immer abwärts gebogen. Eine bestimmte Beziehung dieser Formen zu der Herkunft ließ sich jedoch bisher nicht entdecken. Die Größe der Zapfen war auffallend verschieden: die Länge schwankt zwischen 75 und 170 mm, der größte Querdurchmesser zwischen 28 und 46 mm, dabei stehen beide Ausdehnungen durchaus nicht immer in demselben Verhältniß zu einander, so daß die verschiedensten Gestalten vorkommen, wie die Abbildungen zeigen. Ob die Höhe des Standortes oder das Alter der Mutterbäume einen Einfluß auf die Größe der Zapfen ausübt, war nicht festzustellen; die größten Zapfen liefen aus den Karpathen ein (Taf. 2 Fig. 9 und 12), aus Lagen, welche der oberen Verbreitungsgrenze nahe sind, doch kamen auch dorther andere von mittlerer und weniger als mittlerer Größe. Die Samen und namentlich die Flügel sind bald hellbraun bald dunkel, oft stark ins Violette spielend.

Anmerk. Die auffallende Form Taf. 2 Fig. 11 A B könnte vielleicht verkümmert sein, nicht nur die Placentarschuppe (s. Fig. 11 B) ist eigenthümlich eingebogen, sondern auch die Flügel der Samen haben dieser Biegung folgen müssen. Doch kamen derartige Bildungen mehrfach vor, und immer an allen Zapfen ein und derselben Nummer, die Zapfen enthielten außerdem guten, keimfähigen Samen, so daß ich diese Form der Beachtung der Herrn Forstmänner empfehlen wollte.

---

[1]) Mehrere Sendungen waren durch sorgfältig ausgeführtes, mühevolles Umspinnen der Zapfen vor dem Zerfallen geschützt. Namentlich ist die durch die Güte des Herrn Oberforstmeister Rowland eingegangene, äußerst reiche Zusendung dankend zu erwähnen.

8. Picea excelsa. Fichte.

Für die Unterscheidung der Nadelholzarten und Varietäten wird der Zapfenform eine große Bedeutung zuerkannt, doch wurde dieselbe grade bei der so weit verbreiteten Fichte merkwürdiger Weise bisher wenig beachtet. Schübeler[1]) bildet eine Reihe von Schuppen ab, welche an Fichtenzapfen aus der Umgegend Christiania's beobachtet wurden, v. Purkyne[2]) beschreibt zwei in vielen Punkten von einander abweichende Fichtenformen, welche in Deutschland neben einander wachsen, und die er Picea excelsa chlorocarpa und erythrocarpa nennt, außerdem ist hauptsächlich nach der Form der Zapfen die sibirische Fichte Picea obovata Ledeb. als Varietät abgeschieden worden; das hier angehäufte Material zeigt indeß auffallende Abweichungen, deren bisher nirgend Erwähnung gethan wurde, so daß es lohnend erscheint, näher auf dieselben einzugehen. Die Unterschiede liegen in der Größe und Gestalt der Zapfen, der Stellung der Schuppen, vor allem aber in der Form der letzteren. Die Größe gesunder Zapfen, welche keimfähigen Samen enthielten, schwankt zwischen 70 mm Länge, 22 mm größtem Durchmesser des geschlossenen Zapfens und 168 mm Länge und 39 mm Durchmesser. Der kleinste gesunde Zapfen kam aus dem Riesengebirge von der oberen Verbreitungsgrenze (s. Taf. 4 Fig. 3), der größte aus Kroatien. Die Schuppen haben gewöhnlich die Divergenz $^{8}/_{21}$[3]), doch kommen in seltenen Fällen auch Zapfen mit der Stellung nach $^{13}/_{34}$ vor, z. B. Nr. 115 und Nr. 62 (Taf. 4 Fig. 1 u. 2). Für Zapfen eines Baumes scheint der Divergenzwinkel constant zu sein, doch die Anordnung der Spiralen ist es nicht, da die Grundspirale bald nach links bald nach rechts aufsteigt. Ob die Zapfen der einen oder anderen der von E. v. Purkyne unterschiedenen Formen erythrocarpa und chlorocarpa angehören, vermochte ich nicht immer mit Sicherheit aus der Zapfenform allein zu entscheiden, es scheinen zahlreiche Uebergänge zwischen beiden vorzukommen. Bemerkungen hierüber sind in dem Verzeichniß zu finden.

Unter den 129 im Verzeichniß enthaltenen Nummern gingen von 109 derselben wohl ausgebildete Zapfen ein. Bei den übrigen Nummern waren theils die Zapfen in Folge von Insectenbeschädignng (Dioryctria abietella (Zk) und Grapholitha strobilana (Hb) zu arg verkümmert, oder es waren ausgeklengte Samen geliefert worden. Selten haben die Schuppen einer Nummer genau die Form derer aus einer anderen, während innerhalb der Nummern die Schuppen sehr gleichmäßig an den verschiedenen Zapfen gebildet sind, wenn dieselben von einem Baum stammen, wie dies gewöhnlich bei den Sendungen der Fall war. Es wurden sieben Zapfen als Vertreter ebenso vieler Gruppen bildlich dargestellt,

---

[1]) Dr. F. C. Schübeler: Die Pflanzenwelt Norwegens. Christiania, A W. Brogger's Officin. 1873/75.

[2]) Allg. Forst- und Jagdzeitung 1877, Dr. Eman. von Purkyne: Ueber zwei in Mitteleuropa wachsende Fichtenformen.

[3]) Vergl. Hofmeister, Handbuch der physiologischen Botanik. I. 2. Allgemeine Morphologie der Gewächse. S. 440 ff.

und mit diesen die übrigen Formen verglichen. Die Abbildungen wurden auf photographischem Wege in 1/2 natürlicher Größe ausgeführt, sind daher möglichst genau, außer dem ganzen Zapfen wurde dann noch in natürlicher Größe je eine einzelne Schuppe gezeichnet. Von den 109 Nummern gehören ihrer Schuppenform nach

29 der durch Nr.	17	(Taf. 3 Fig.	2)	vertretenen	Gruppe	an
26 „ „ „	122	(1a) „	1	„	„	„
26 „ „ „	59	„	3	„	„	„
12 „ „ „	33	„	6	„	„	„
7 „ „ „	127	„	5	„	„	„
4 „ „ „	118	„	4	„	„	„
2 „ „ „	47	„	7	„	„	„

Die drei übrigen Abbildungen einheimischer Zapfen stellen nicht besonders auffallende Schuppenformen dar, sondern wurden als Beispiele für abweichende Blattstellung (Nr. 62 und 115 Taf. 4 Fig. 1 und 2) und für geringe Größe in Folge klimatischer Einflüsse (Nr. 92 Taf. 4 Fig. 3) aufgenommen. Die Form der Schuppen wird klar genug aus den Abbildungen ersichtlich sein, über ihre sonstigen Eigenschaften ist noch zu sagen, daß die, welche die abgerundete Form der Nummern 33 und 47 (Taf. 3 Fig. 6 und 7) zeigen, der Regel nach weich und lederartig sind, während die andern, besonders die von der Form der Nummer 127 (Taf. 3 Fig. 5) hart und von bedeutender Elasticität sind. Eine besonders auffallende Form haben die Zapfen der Nr. 47 Taf. 3 Fig. 7. Die eiförmige Gestalt erinnert an die sibirische Form Picea obovata, doch sind die Schuppen spitzer als bei jener Form. Zum Vergleich wurde ein Zapfen der asiatischen Fichtenform abgebildet, (Taf. 3 Fig. 8); derselbe hat weiche, ledrige Schuppen ähnlich der Form Nr. 33, die Farbe ist dunkel rothbraun, ins Violette stechend.

Anmerk. Der Zapfen wurde im nördlichen Turkistan von Herrn Dr. A. Regel gesammelt, als Picea Schrenkiana Fisch (nach Henkel und Hochstetter[1]) Synonym der Picea obovata) bestimmt. Derselbe wurde mir von Herrn Gartenmeister Zabel gütigst zur Verfügung gestellt.

Die sämmtlichen Zapfen wurden zwar nicht in der Absicht gesammelt, einen Ueberblick über die in jeder Gegend besonders häufigen Formen zu gewähren, sondern es blieb dem Zufall überlassen, ob die herrschende oder eine seltenere Variation eingesandt wurde; auch ist die Zahl der Nummern noch immer nicht ausreichend, um sichere Schlüsse über das Vorkommen der Formen zuzulassen, jedoch scheint es statthaft, aus den zum Vergleich vorliegenden 109 Nummern Folgerungen über die Verbreitung der Formen zu ziehen, die wenigstens vorläufig den Anspruch auf einige Wahrscheinlichkeit machen können. Ausdrücklich wird indeß bemerkt, daß diese Folgerungen nur als Anregung zu anderen, erweiternden und berichtigenden Beobachtungen namentlich seitens der Forstmänner dienen sollen.

Wie aus der obigen Zusammenstellung hervorgeht, haben die meisten Nummern Schuppen und auch Zapfenformen ähnlich den Nummern 1a, 17 und 59, und zwar scheinen die Formen, welche zwischen der von 1a und 17 stehen, vor-

[1]) Henkel und Hochstetter, Synopsis der Nadelhölzer. Stuttgart 1865.

zugsweise die südliche Hälfte von Mitteleuropa einzunehmen. Es scheint die Variation zu sein, welche auf den Alpen, dem Schwarzwald, Böhmerwald, den Karpathen herrschend ist, während die Form Nr. 59 hauptsächlich die mitteldeutschen Gebirge bewohnt, namentlich das Fichtelgebirge, Thüringen, Harz, auch noch das Riesengebirge. In Preußen, wo die Fichte in die Ebene hinabsteigt, kommt diese Form auch noch vor, doch scheint sie dort selten zu sein[1]); die dort herrschende ist die der Nr. 118 und 127 (Taf. 3 Fig. 4 und 5).[2]) Die weiche, abgerundete Form Nr. 33 (Taf. 3 Fig. 6) ist anscheinend vorzugsweise im südwestlichen Theil von Mitteleuropa zu finden, kommt aber auch sonst zerstreut im mittleren Gebiet vor. Es ist dies um so auffallender, als diese in jeder Beziehung der sibirischen Form näher stehende Gruppe geographisch von derselben getrennt zu sein scheint und zwar durch das Auftreten von Variationen (vergl. Nr. 127 Taf. 3 Fig. 5), die derartige Abweichungen von beiden aufweisen, daß man sie fast als einer anderen Art angehörend betrachten möchte.

Die Farbe der reifen Zapfen ist von keiner durchgreifenden Bedeutung für die Unterscheidung der Formen; die Zapfen verschiedenster Form sind bald grün bald roth- oder gelbbraun, die meisten zeigen die bekannte röthlich holzbraune Färbung. Doch scheint die Farbe der Zapfen ein und desselben Baumes ziemlich constant, wenigstens für je ein Jahr zu sein.

9. **Pinus sylvestris.** Gemeine Kiefer.

Von der gemeinen Kiefer sind bereits viele Formen unterschieden (s. Willkomm, forstliche Flora S. 160, Henkel und Hochstetter a. a. O.), und die Merkmale derselben sind in hervorragender Weise von den Zapfen hergenommen. An dem hier eingesandten Material fanden sich gleichfalls zahlreiche Unterschiede. Dieselben liegen theils in der Größe der Zapfen, deren Schwankungen in dem Verzeichniß angegeben sind, theils in der Stellung der Schuppen, die jedoch innerhalb der einzelnen Nummern je nach der Ausbildung der Zapfen eine verschiedene ist, theils in der Form der Schilde (Apophysen) und der Nabel. Die Länge der geschlossenen Zapfen schwankt zwischen 26 und 61 mm, der größte Durchmesser zwischen 13 und 29 mm, wobei zu bemerken ist, daß kleine, anscheinend verkrüppelte Formen nicht gemessen wurden. Doch innerhalb der einzelnen Nummern waren die Unterschiede oft so bedeutend, daß auf dieses Merkmal nicht viel Werth zu legen ist. Dasselbe gilt von der Stellung der Schuppen. Der Divergenzwinkel beträgt in der Regel am unteren Theil des Zapfens $^{8}/_{21}$, geht aber nach oben in andere über, zuweilen ist er auch schon unten $^{5}/_{13}$. Die Stellung scheint sich viel

[1]) Herr Dr. Sanio schickte aus Lyck in Ostpreußen unter mehreren anderen auch eine Zapfenform, die der Nr. 59 sehr ähnlich ist, als eine „auffallende Form".

[2]) Herr Oberförster Kennemann hatte die Freundlichkeit, die Fichtenbestände seines Revieres Neu-Sternberg in der Forstinspection Königsberg-Labiau mit Rücksicht auf die Form der Zapfenschuppen zu durchforschen. Der Erfolg war der, daß sämmtliche beobachtete Zapfen, viele Hundert an der Zahl, Formen wie die letztgenannten Nummern zeigten.

mehr nach der jedesmaligen Ausbildung des einzelnen Zapfens als nach einem für den ganzen Baum gleichmäßig geltenden Gesetz zu richten. Die constantesten Unterschiede bietet die Ausbildung der Apophysen und zwar derer an der stärker entwickelten Außenseite, da den Schilden an der entgegengesetzten, dem tragenden Zweig zugewendeten Seite bei allen Formen die besonders hervorstechenden Merkmale fehlen. Auch die Farbe der Zapfen scheint entsprechend den Formen verschieden zu sein, doch der vielen Uebergänge wegen ist dies Kennzeichen wenig werthvoll. Die eingesendeten Zapfen lassen sich in 3 Gruppen ordnen. Die bei weitem größte Anzahl gehört dem Formenkreis an, dessen Extreme durch die Nummern 4 und 55 (Taf. 4 Fig. 8 und 9) dargestellt wurden. So weit dieselben auch von einander verschieden sind, so lassen sie sich doch durch zahlreiche, ganz allmälige Uebergänge mit einander verbinden. Die Farbe der Schilde dieser Gruppe, mithin auch die der geschlossenen Zapfen ist grünlich grau bis graubraun, die inneren Flächen der frisch gesprungenen Zapfenschuppen sind gewöhnlich schön dunkel rothbraun, zuweilen fast schwarz. Die Schilde sind nach allen Seiten ziemlich gleichmäßig ausgebildet, doch ist auch hier die Außenseite ein wenig bevorzugt. Sie sind entweder fast eben mit wenig vorspringendem Nabel und Querleisten wie an der Form 4, oder der Nabel erhebt sich bis mehrere Millimeter hoch und sitzt auf einem unregelmäßig gebogenen, runzlichen Höcker, an dem sich die Querleisten des Schildes gleichfalls unregelmäßig emporziehen. Diesem Formenkreis gehörten von 59 verschiedenen Nummern 41 an, sie wird sich mit der Varietät Pinus silvestris genuina (Heer) decken, der gewöhnlichen Form, die nach Willkomm auch als „Kiefer von Hagenau" oder als Weiß- oder Graukiefer beschrieben wurde. (Die aus dem berühmten Hauptsmoorwald bei Bamberg gesandte Nummer gehört z. B. dieser Gruppe an.)

Der zweite nur durch 3 Nummern sicher vertretene Formenkreis wird durch die Abbildungen der Nr. 3a und 59 (Taf. 4 Fig. 4 und 5) dargestellt. Die Außen- und Innenseite der Zapfen sind scharf gekennzeichnet durch auffallend stärkere Ausbildung der Apophysen der Außenseite. Während bei der vorigen Gruppe gewissermaßen nur der Nabel aus der Fläche des Schildes sich emporhebt, steigt hier das ganze Schild zu einer ziemlich regelmäßigen, vierseitigen Pyramide an, die Spitze derselben ist bei besonders starker Ausbildung zuweilen nach verschiedenen Richtungen gebogen. Die Zapfen sind kegelförmig, spitz, die Farbe der Schilde ist weniger ein grünliches als ein ins Gelbe oder Braune stechendes Grau.

Dieser Kreis wird der Form Pinus silvestris rubra (Hort.), scotica (W), der Rothkiefer, Schottischen oder Rigaschen Kiefer entsprechen, nur trifft die Angabe Willkomms dann nicht zu, daß die Zapfen derselben kleine seien. Zwischen dieser Gruppe und der vorigen finden sich mehrere Uebergänge, die gewöhnlich die Farbe der ersteren haben, aber in der Form der Schilde sich denen der zweiten mehr oder weniger nähern.

Anmerk. Willkomm giebt als einen der Standorte der Pinus silvestris rubra Lyck in Ostpreußen an. Aus der Nähe dieses Ortes wurden von Herrn Dr. Sanio von drei Kiefern Zapfen eingeschickt, von denen eine Nummer die für rubra characteristische Form 59 zeigt, die zweite auch entschieden dieser Varietät angehört, während die dritte, welche nur kleine kümmerliche Zapfen enthält, zwar nach der Form der wenig entwickelten Apophysen nicht sicher, aber nach der Farbe gleichfalls zu derselben zu rechnen ist.

Ein dritter, nur durch drei Nummern vertretener Formenkreis ist der durch Nummer 3b dargestellte. Die Apophysen sind hier an der Außenseite des Zapfens gleich vom Grunde an in rückwärts gebogene, bis mehrere Millimeter lange, plumpe Haken vorgezogen; an der Innenseite, die durch weit zurückbleibende Entwickelung und gänzlichen Mangel der Haken viel kürzer ist als die andere, sind die Apophysen auch stark convex, und zwar ist der über der Querleiste nach der Spitze zu liegende Theil der Schilde größer als der der Basis zugekehrte, was bei den anderen Formen nicht der Fall zu sein pflegt. Die Farbe der Schilde ist hell graubraun, ins Strohgelbe übergehend. Uebergänge zu der erstgenannten Form finden sich mehrfach, ein solcher Zapfen wurde aus der Nummer 45 (Taf. 4 Fig. 7) dargestellt. Die Farbe desselben, auch die Form der Schilde ist wie bei der gewöhnlichen Kiefer, doch sind an der Lichtseite dieselben in runzliche Haken rückwärts gebogen.

Beziehungen zwischen diesen Formenkreisen und dem Ort ihrer Herkunft ließen sich aus den eingegangenen Zusendungen bisher nicht mit Sicherheit auffinden, doch ging aus dem hier vorhandenen Material hervor, daß die drei Formen dicht neben einander vorkommen können (z. B. 3a, 3b und 4 im Vomperthal in Tyrol, ebenso die erste und dritte Form in den Karpathen, die erste und zweite in Ostpreußen). Doch muß die erste, die Pinus silvestris genuina (Heer), die in Mitteleuropa herrschende sein.

10. Pinus montana Mill. Bergkiefer, Krummholzkiefer.

Die zahlreichen Varietäten dieser Kiefernart haben sich einer weit größeren Beachtung seitens der Botaniker erfreut, als die übrigen einheimischen Nadelhölzer. Die Literatur ist von Willkomm zusammengestellt (a. a. O. S. 170), und die hier eingegangenen Nummern sind nicht zahlreich genug, als daß aus ihrer Besprechung Erfolg zu erwarten wäre.

Das Letztere gilt auch von den Zapfen der Zirbelkiefer, der Schwarz- und Weymuthskiefer sowie der Lärche. Die der letzteren Holzart wurden zwar in ziemlich großer Anzahl zugesandt, aber meist aus Gegenden, in denen der Baum nur angebaut vorkommt.

Wie die Laubholzfrüchte wurden auch die Nadelholzzapfen hier aufbewahrt, um vorkommenden Falles für spätere Vergleichung noch zur Hand zu sein.

Physiologische Abweichungen.

Da die Versuche erst vor verhältnißmäßig kurzer Zeit begonnen sind, können einstweilen nur die physiologischen Verschiedenheiten der einzelnen Nummern besprochen werden, welche sich während der Keimung der Samen und der Entwickelung der einjährigen Pflanze herausstellten. Die physiologischen Abweichungen wurden hauptsächlich nur nach einer Richtung verfolgt, und zwar wurde das Verhalten der verschiedenen Nummern gegen die Wärme geprüft. Es ist bekannt, daß diese Lebensbedingung der Pflanzen, die Wärme, diejenige ist, über deren Einwirkung die größte Anzahl vergleichender Versuche gemacht wurde, während die übrigen nothwendigen Vorbedingungen des Gedeihens, Licht, Feuchtigkeit, Bodenverhältnisse u. s. w., weit weniger Beachtung fanden. Es liegt dies theils darin begründet, daß diese Bedingungen weniger bedeutend erschienen, theils aber auch darin, daß sich der experimentellen Behandlung und auch der bloßen Beobachtung ihrer Einwirkung Schwirigkeiten in den Weg stellten, die bisher unübersteiglich waren. Ist nun auch die Wärme diejenige von den Bedingungen, welche namentlich auf die geographische Verbreitung der Pflanzenarten in erster Linie Einfluß ausübt, so ist doch das Bestreben verfehlt, ihren Einfluß allein zu Grunde zu legen, wenn man einen Maaßstab für die Einwirkung des Klimas auf die Pflanzen suchen will. Einen solchen Maaßstab aber glaubten mehrere Pflanzengeographen gefunden zu haben in den Temperatursummen.

Man versuchte allein aus den beiden Factoren Vegetationszeit und Temperatur für irgend eine Pflanze ein Product zu bilden, welches, wenn es sich irgendwo auf der Erde verwirklicht fand, als Anzeichen dienen sollte, daß hier die betreffende Pflanze gedeihen könnte.

Solche Temperatursummen wurden von verschiedenen Forschern aufgestellt, und da ein Jeder die anzuwendende Formel aus gewissen, an sich richtigen Beobachtungen ableitete, während die gewählten Grundlagen verschieden waren und nun alle den Fehler begingen, ihre Methode als allgemein gültig hinzustellen, so ist es nicht auffallend, daß einmal die gefundenen Formeln selbst sehr verschieden sind und dann, daß bei ihrer Anwendung die größten Widersprüche hervortreten. So addirte Adanson von einem gewissen Anfangspunkt der Vegetation an (schon diesen Anfangspunkt richtig zu bestimmen, ist nicht überall ausführbar) die an jedem Tage beobachtete Durchschnittstemperatur über 0° bis zum Eintritt der Vegetationsphase, für welche er die erforderliche Temperatursumme finden wollte. Quetelet ermittelte die Zahl der Tage, welche von einem gewissen Anfangspunkt an bis zum Eintritt jener Vegetationsphase verstrich, suchte die mittlere Temperatur dieser Zeit zu finden und multiplicirte das Quadrat der mittleren Temperatur (t^2) mit der Zahl der Tage (z). Babinet multiplicirte die mittlere Temperatur mit dem Quadrat der Tage also tz^2, Boussingault endlich nahm das einfache Product $t \cdot z$ als die Temperatursumme an.

Verwendet man diese drei letzten Annahmen in einem einfachen Beispiel und setzt voraus, Fichtensame gebrauchte bis zum Beginn der Keimung von der Aussaat an 6 Tage mit durchschnittlich 20° C. (eine Annahme, die innerhalb des Bereiches der Vorkommnisse liegt), so würde die Temperatursumme für die Keimung des Fichtensamens sein:

nach Quetelet . . . . $t^2 . z = 6^2 . 20 = 720$
" Babinet . . . . $t . z^2 = 6 . 20^2 = 2400$
" Boussingault . . . . . $t . z = 6 . 20 = 120$

Die große Verschiedenheit der Summen darf an sich nicht stören, da sie ja jede für sich nur einen relativen Werth beansprucht. Nun ist der Fall aber ebenso gut möglich und experimentell nachweisbar, daß bei durchschnittlich 17° C. Fichtensame nach 7 Tagen keimt, dann ändern sich die obigen Summen in folgender Weise:

$$t^2 z = 7^2 . 17 = 833$$
$$t z^2 = 7 . 17^2 = 2023$$
$$t z = 7 . 17 = 119$$

Man sieht, daß die Aenderung der Factoren schon bei Beispielen mit geringen Zahlendifferenzen in sehr verschiedener Weise die Aenderung der Produkte bewirkt.

Wenn nun ein Jeder der Beobachter, wie vorauszusetzen ist, seine Methode für ganz bestimmte Fälle anwendbar fand, so muß angenommen werden, daß die Verallgemeinerung durchaus fehlerhaft ist. Auch andere begründete Einwendungen sind außerdem noch gegen die Methode erhoben. Von andern Forschern dann wurden Verbesserungen derselben eingeführt, so von A. De Candolle, welcher die „chaleur inutile" (d. h. die Wärmegrade über 0, welche von der betreffenden Pflanze noch nicht benutzt werden können, weil ihre Vegetation erst bei einem höheren Wärmegrade beginnt) aus der Berechnung der Temperatursummen fortläßt, ferner von Kabsch, welcher anstatt der ungleich langen Tage die Zeitdauer der Entwicklung nach reducirten Vegetationstagen von bestimmter Dauer (12 Stunden) bemißt; immer aber konnte der Methode noch mit Recht der Vorwurf gemacht werden, daß sie nicht genügend die anderen auf die Vegetation einwirkenden Factoren beachtet und nicht dem Umstand Rechnung trägt, daß die einzelnen Prozesse (Keimung, Blüthe u. s. w.) in der Vegetation derselben Pflanze ganz verschiedene Ansprüche an die Temperatur stellen, und daß daher die Reihenfolge, in welcher die verschiedenen Wärmegrade geboten werden, durchaus mit zu beachten ist. Die Methode kann wohl einige Bedeutung für die Bestimmung des möglichen Anbaugebietes von Culturgewächsen gewinnen, für welche man einen großen Theil der übrigen Lebensbedingungen künstlich herzurichten vermag, für alle anderen Pflanzen kann sie keine Bedeutung beanspruchen. Doch darf ich hier nicht eingehender alle gegen die Methode überhaupt zu erhebenden Einwände behandeln, sondern wende mich dem einen derselben zu, der im Verhältniß zu seiner Bedeutung bisher nicht genügende Beachtung fand: Es ist dies der Umstand, daß die Einzelpflanzen und viel mehr noch die Pflanzenarten nicht wie ein Instrument oder eine Anzahl gleich construirter Instrumente zu betrachten sind, welche an allen Arten in gleicher Weise auf die äußeren Einflüsse reagiren, sondern daß sie als lebende Wesen bestimmte, doch nicht berechenbare Abweichungen von einander zeigen. Die Hypothese der Temperatursummen paßt zu der von der Unveränderlichkeit der Art, bei Annahme der Veranderlichkeit derselben wird sie ohne Weiteres unwahrscheinlich.

Die Methode, welche bei den Arbeiten, die zur Klarlegung der klimatischen Einwirkungen auf die Vegetation beitragen sollen, hier in Münden angewandt wurde, ist die, daß Samen derselben Baumart, aber von verschiedenen Standorten stammend, gleichzeitig unter vollkommen gleichen Bedingungen ausgesät wurden. Als Ergebniß mußte also hierbei herauskommen, ob die Samen gleiche Anforderungen in Bezug auf die Keimbedingungen stellen, oder nicht, und streng genommen findet man auch auf diesem Wege nur ihr Verhalten gegen die Gesammtheit der äußeren Einflüsse. Die unbedingt wichtigsten derselben sind für den keimenden Samen aber jedenfalls Wärme und Feuchtigkeit. Die letztere wurde allen Samen bei den Keimversuchen in einem mittleren Maaß gewährt und angenommen, daß dasselbe nicht von hervorragend verschiedener Bedeutung bei den gleichartigen Samen verschiedener Herkunft sein würde, so daß der Einfluß der Wärme auf die einzelnen Nummern allein übrig blieb. Spätere Beobachtungen müssen indeß noch darthun, ob nicht doch etwa das Maaß der gut ausreichenden Feuchtigkeit bei Samen gleicher Art, jedoch von verschiedener Herkunft ein ungleiches sein kann, und ob nicht vielleicht die nachfolgend dargestellten Ergebnisse, welche allein mit Rücksicht auf das Wärmebedürfniß der Keimlinge gefunden wurden, danach anders aufgefaßt werden müssen. Nur Mangel an Zeit und Gelegenheit verhinderten mich bisher, die Zahl der ausgeführten Versuche nach dieser Richtung zu vermehren.

1. Unterschiede in der Keimthätigkeit.

Bevor die oben erwähnte Aussaat sämmtlicher Samen im Garten der Forstacademie ausgeführt wurde, sind mit einem Theil derselben Keimversuche angestellt worden, die an sich schon eine Reihe von Ergebnissen gebracht haben. Ueber dieselben liegt bereits eine Veröffentlichung vor[1]), ich muß mich daher darauf beschränken, hier über die Erfolge der Versuche kurz zu berichten, indem ich in Bezug auf die genauere Darstellung und die Begründung der Angaben auf die unten genannte Arbeit verweise.

Daß die Samen der Getreidearten je nach ihrer Herkunft höheres oder geringeres Wärmebedürfniß für die Keimung und weitere Entwicklung haben, ist eine bekannte Thatsache. Samen, die aus kalten Gegenden stammen, neben solchen aus warmen Orten gesät, bilden sich zu Pflanzen aus, welche in weit kürzerer Zeit ihre jährliche Entwicklung vollenden, als die letzteren. Diese Eigenschaft, mit geringeren Wärmegraden vorlieb zu nehmen, erlangen die Pflanzenarten allmälig im Lauf der Generationen in kälteren Lagen und verlieren dieselbe auch wieder

[1]) M. Kienitz. Vergleichende Keimversuche mit Waldbaumsamen aus klimatisch verschieden gelegenen Orten Mitteleuropa's, mit 10 Tafeln in den: Botanischen Untersuchungen von Dr. N. J. C. Müller, Band 2 H. 1. 1879. C. Winters Verlag, Heidelberg.

in derselben Weise unter günstigeren Verhältnissen. In unseren Gegenden, mit für den Getreidebau verhältnißmäßig günstigen Bedingungen fällt diese Thatsache weniger auf, anders jedoch im hohen Norden, und Schübeler[1]) nennt als des größte Unglück bei einer allgemeinen Mißernte an der nördlichen Grenze des Getreidebaues, daß es nun für eine Reihe von Jahren an dem nöthigen Saatkorn fehlt, welches die Ungunst des Klimas vollkommen zu ertragen vermöchte. Denn aus den Samen, welche aus für den Getreidebau günstigeren Orten eingeführt werden, müssen sich erst wieder unter großen Verlusten die härteren Racen herausbilden, was erst nach einigen Generationen vollkommen gelingt. Ueber dieses Verhalten der Agriculturgewächse sind schon viele Versuche gemacht und werden noch jetzt ausgeführt. Doch leiden dieselben an einem großen Mißstand, daß nämlich in den einzelnen Ländern ganz verschiedene, künstlich erzeugte Varietäten gebaut werden, wodurch es schwer wird, wirklich vergleichbare Ergebnisse, welche den Einfluß des Klima's allein feststellen, zu erhalten[2]). Schon allein aus diesem Grunde waren Versuche mit den Samen der durch die Cultur so gut wie gar nicht veränderten Waldbäume erwünscht. Hierzu kommt noch, daß man grade die Waldbäume entgegengesetzt der sonst vielfach herrschenden Ansicht, wonach dieselben besonders constante Arten sind, als geeignet für solche vergleichende Versuche halten darf, welche die Abänderung der Art durch klimatische Einflüsse feststellen sollen, und es sprechen dafür folgende, a. a. O. eingehender besprochene Gründe.

1. Sie sind geselliglebende, herrschende Arten, die fast allein von Klima und Boden, nicht wie z. B. die Schattenpflanzen von Gewächsen anderer Art in Abhängigkeit gehalten werden.

2. Durch ihr langes Leben und ihr Grünen während der ganzen Vegetationsperiode sind sie gezwungen, sich an das Klima in seiner Gesammtwirkung anzupassen, nicht wie viele, nur kurze Zeit vegetirende, kleinere Pflanzen an einzelne Eigenthümlichkeiten gewisser Jahreszeiten. Durch den vieljährigen Kampf mit gleichberechtigten Nachbaren wird es bewirkt, daß sicher in der Mehrzahl der Fälle nur solche Stämme schließlich am Leben bleiben, welche für den bestimmten Standort am besten ausgerüstet sind. Diese kommen dann auch allein zur Fortpflanzung und können ihre Eigenschaften auf die Nachkommen vererben. Die für die Bildung von Abarten sonst so ungünstig wirkende Kreuzbefruchtung mit anderen, nicht abgeänderten Individuen kann hier kaum eintreten, da nur noch die für den Standort besonders geeigneten Formen übrig geblieben sind.

3. Der Same der meisten Waldbäume (außer Birke, Weide, Pappeln) hat eine geringe Verbreitungsfähigkeit gegenüber den Samen vieler kleinerer Pflanzen, welche meilenweit fortfliegen. Es ist daher wahrscheinlich, daß die Vorfahren der jetzt lebenden Bäume seit vielen Generationen auf dem heutigen Standorte wurzelten, da auch die Cultur des Menschen in Bezug auf die alten,

---

[1]) Schübeler, die Pflanzenwelt Norwegens 1873 und 1875.

[2]) Vergl. L. Wittmack: Bericht über vergleichende Culturen mit nordischem Getreide. Landwirthschaftliche Jahrbücher von v. Nathusius und Thiel B. V und VI.

jetzt Samen tragenden Bäume in dieser Richtung noch keine großen Aenderungen hervorgebracht hat.

Aus diesen Gründen darf gefolgert werden, daß für die Waldbäume in hohem Grade die Möglichkeit geboten ist, locale Abänderungen zu bilden, eine andere Frage ist die, ob ihre innere Natur dazu neigt, dies wirklich zu thun. Davon, daß dies der Fall ist, überzeugte ich mich durch eine Reihe mehrjähriger Beobachtungen, und jeder Forstmann wird in seinem Revier Beispiele finden können dafür, daß Bäume derselben Art unter gleichen Bedingungen ganz verschiedenes Verhalten gegen die klimatischen Einflüsse zeigen, was sich namentlich zur Zeit des Knospenaufbruches und des Blattfalles bemerklich macht. Nun ist es indessen denkbar, daß die Abänderungen der erwachsenen Bäume sich in den Keimpflanzen, welche unter anderen Bedingungen leben als jene, noch nicht zeigen, während letztere vielleicht selbst besondere Eigenschaften besitzen, die in jenen verschwinden. Doch dieser Punkt ist im Verlauf der weiteren Darstellung erst näher zu betrachten.

Die Keimversuche wurden alle auf Keimplatten von gebranntem Thon ausgeführt, die stets möglichst gleichmäßig feucht gehalten und so aufgestellt wurden, daß alle Nummern einer Versuchsreihe jederzeit gleichen Bedingungen ausgesetzt waren. Die Samen lagen frei auf der feuchten Thonplatte, von feuchter Luft umgeben, ohne irgend welche Bedeckung durch Lappen oder dergleichen. Diese Methode hat sich nach den Nobbe'schen, wie nach eigenen Versuchen am besten bewährt. Ein engbegrenzter Keimraum wurde dadurch hergestellt, daß die rechteckigen, einfach construirten, oben mit einer 1 cm tiefen, rechteckigen Aushöhlung versehenen Keimplatten dicht über einander gestellt wurden. Die Keimplatten standen theils in einem Glaskasten mit doppelten Wänden, in welchem durch eine eigene Heizung eine Temperatur unterhalten wurde, die nach Möglichkeit annähernd 20° betrug, theils in einem luftigen Keller, dessen Temperatur von anfangs etwa 5° C. im Januar allmälig bis 12° C. im Mai stieg. Die Versuche wurden meist nur bis zum Beginn der Keimung sämmtlicher keimfähigen Körner fortgeführt. Zwar wurden auch noch zahlreiche Messungen über die Längenentwicklung der Würzelchen gemacht, doch wegen der zu großen Menge der gleichzeitig zu beobachtenden Aussaaten, konnten dieselben nicht sehr genau ausgeführt werden, und die wichtigsten Ergebnisse der Versuche liegen in den Folgerungen aus der genau beobachteten Zeit des Beginnes der Keimung.

Nun zeigten sich sehr bald große Unterschiede in der Keimthätigkeit der Samen verschiedener Herkunft, und schon hierin allein war ein Ergebniß gewonnen. Es trat jedoch die Schwierigkeit hervor, zu ermitteln, in wie weit diese Unterschiede erklärlich zu finden sind, in wie weit man sie auf erkennbare Abweichungen in der Organisation der Samenkörner zurückführen kann, oder sie in Beziehung bringen zu den klimatischen Verhältnissen der Herkunftsorte. Wohl lag die Vermuthung nahe, daß die Waldbaumsamen sich ähnlich verhielten, wie die Getreidearten, daß die Samen aus kälteren Lagen geringeres Wärmebedürfniß zeigen würden, als die von günstigen Standorten. Doch der Nachweis war nicht ohne Weiteres zu führen. Die Getreidearten, mit denen vergleichende Aussaatversuche gemacht wurden, konnten aus Orten bezogen werden, an denen langjährige, genaue Beobachtungen über die klimatischen Werthe angestellt worden waren, für die eingesandten Waldbaumsamen fehlen fast für alle Herkunftsorte derartige Beobachtungen ganz. Die Vergleichung einzelner Samennummern aber verspricht gar kein brauchbares Ergebniß, da die individuellen Verschiedenheiten der Bäume zu groß sind, und zu viele unberechenbare Factoren mit einwirken. Erfolg konnte nur erwartet werden aus der Gegenüberstellung von Gruppen mehrerer Nummern, welche alle von dem Klima nach ähnlichen Standorten stammten. Je größer dann die Anzahl der Nummern auf jeder Seite genommen werden kann, desto genauer wird das Ergebniß, da sich voraussichtlich die Fehler aufheben. Ich mußte daher suchen, ob es nicht möglich sei, die Orte, welche unseren Waldbäumen in verschiedenen Breiten ähnliche klimatische Bedingungen bieten, heraus zu finden, auch ohne directer Beobachtungen derselben zu bedürfen. Ein Mittel hierzu schien die Verbreitung der Holzarten selbst zu bieten; und zwar gewährt die obere Verbreitungsgrenze derselben einen bestimmten Anhalt. Ich glaubte zu der Annahme berechtigt zu sein, daß innerhalb des verhältnißmäßig kleinen Gebietes, über welches sich die hiesigen Versuche erstrecken, nämlich Mitteleuropa, überall an der oberen Verbreitungsgrenze unserer Waldbäume die klimatischen Bedingungen ihres Vorkommens ähnliche sein würden, und fand durch Zusammenstellungen einiger der gefundenen Ergebnisse meine Annahme bestätigt, daß nämlich Samen aus der Nähe der oberen Grenze der Holzarten, aus verschiedenen Gebirgen stammend, in ihrem Verhalten gegen die Temperatur etwas Gemeinsames den anderen gegenüber zeigten, was mich auf eine gewisse Aehnlichkeit der Klimate ihrer Heimathorte zurück schließen ließ. Ich ging nun weiter und theilte das verticale Verbreitungsgebiet jeder Holzart in gewisse Gürtel, die ich „Höhenschichten" nannte. Die obere Verbreitungsgrenze bildet die Basis derselben, während dieser parallel laufend gedachte Durchschnitte in gewissem Abstand die unteren Schichten trennen. Nun ist zwar, wie ich in genannter Schrift eingehend ausführte, Vieles an dieser Methode auszusetzen, doch der Erfolg ihrer Anwendung beweist, daß sie in Ermangelung einer besseren wohl brauchbar ist. Ich kam zu dem Schluß, daß die Methode der Bildung von Höhenschichten mit der oberen Verbreitungsgrenze als Basis für die Waldbäume wohl anwendbar ist, wenn es sich darum handelt, die nur aus Durchschnittszahlen zu findenden Gesetze physiologischer Erscheinungen in ihrer Abhängigkeit von der dauernden Einwirkung des Klimas übersichtlich darzustellen, und bin überzeugt, daß die Anwendbarkeit dieser Methode mit der Erweiterung unserer Kenntnisse über die natürlichen oberen Verbreitungsgrenzen wachsen wird; vorausgesetzt, daß gleichzeitig der Erforschung der zahlreichen Factoren, welche die Ausnahmen bedingen, große Aufmerksamkeit zugewendet werde. Die genannten Höhenschichten wurden für die einzelnen Holzarten verschieden groß angenommen; theils konnte dies mit einiger Berücksichtigung gewisser characteristischer Züge in der geographischen Verbreitung geschehen, theils konnte nur je nach dem vorhandenen Material die Eintheilung derart bewirkt werden, daß in jeder der angenommenen Schichten etwa gleich viel Nummern standen. Alle Nummern wurden nun zusammen gefaßt und aus den Zahlen, welche die Geschwindigkeit der Keimung darstellen, das arithmetische Mittel gezogen. Diese arithmetischen Mittel wurden dann mit einander verglichen, und es ließen sich aus ihnen bestimmte Gesetze erkennen, welche für die einzelnen Nummern natürlich auch bestehen, aber in Folge vieler, durch die Individualität bedingten Ungleichmäßigkeiten nicht klar sichtbar hervortreten. In 10 Tabellen (Tafel 1 bis 8 der genannten Abhandlung) wurden die wichtigsten, durch Zahlen ausdrückbaren Ergebnisse niedergelegt, hier kann nur eine Besprechung derselben folgen.

Die zu den Keimversuchen verwendeten Samennummern der Fichte (Picea excelsa) wurden auf vier Höhenschichten vertheilt, und zwar gehen dieselben von 1 bis 500 m., 501 bis 700 m., 701 bis 850 m. und mehr als 850 m. unter der oberen Verbreitungsgrenze, in dieser letzteren Schicht befanden sich namentlich die Nummern aus Nordostdeutschland, aus den Gegenden, in welchen die Fichte in die Ebene hinunter steigt. Als obere Verbreitungsgrenze wurde hier eine Luftlinie betrachtet, welche von der oberen Grenze der Fichte am Brocken zu der auf den norwegischen Gebirgen gezogen wurde. Das Ergebniß der Versuche war folgendes: Die Fichtensamen keimten bei der Durchschnittstemperatur von 18,85 °C. um so langsamer, je näher ihr Standort der oberen Verbreitungsgrenze liegt, während das Verhalten derselben Samennummern, zur gleichen Zeit ausgesät, aber bei der Durchschnittstemperatur von 7,33° C. genau und ausnahmslos das umgekehrte ist. So keimten z. B. in Procenten der keimfähigen Samen durchschnittlich

	bis zum 6. Tage nach der Aussaat bei 18,85° C.	bis zum 44. Tage nach der Aussaat bei 7,33° C.
In der obersten Schicht 1 bis 500 m . . .	67,1 pCt.	35,1 pCt.
= = 2. Schicht 501 — 700 m	73,9 =	30,4 =
= = 3. = 701 — 850 m	75,4 =	17,7 =
= = 4. = mehr als 850 m . . .	82,9 =	15,3 =

Bei durchschnittlich 13,56° C. keimen die Samen aus den höheren Schichten gleichfalls schneller als die aus den tieferen, wie eine andere Versuchsreihe ergab.

Diese Thatsachen lassen sich daraus erklären, daß die Samen aus kälteren Gegenden bei einer niedrigeren Temperatur zu keimen vermögen, als die aus wärmeren Orten, daß ferner dem entsprechend auch ihr Wärmebedürfniß ein geringeres geworden ist, als für die letzteren, und in Folge davon auch der für die Keimung günstigste Wärmegrad, sowie derjenige, bei welchem die Keimung wegen zu hoher Temperatur unterbleibt, niedriger liegen als für die Samen aus warmen Regionen. Durch genaue Versuche ist es festgestellt[1]), daß die günstigste

[1]) S. Sachs Handbuch der Experimental-Physiologie.

Keimtemperatur, das **Optimum**, der Grenze, welche der Keimung durch zu hohe Temperatur geboten wird, d. h. dem Maximum, näher steht, als der durch zu niedrige Temperatur gesetzten Grenze, d. h. dem **Minimum**. Es muß nach den hiesigen Versuchen die günstigste Keimtemperatur für die Fichtensamen schon etwa bei 19° C. (=15,2° R.) liegen, und das Maximum kann nicht sehr viel höher sein. Es erklärt sich hieraus die Abnahme der Keimgeschwindigkeit für die Samen aus kalten Gegenden bei einer Temperatur, die im Durchschnitt etwa 19° hatte und die für diese wahrscheinlich schon über dem Optimum lag, gegenüber den Samen aus warmen Lagen, für welche diese Temperatur wahrscheinlich grade die günstigste war. Das Minimum liegt für die Fichtensamen in den weiten Grenzen zwischen 7 und 11° C. Bei den Versuchen, die im Keller bei niedriger Temperatur ausgeführt wurden, stieg die Wärme ganz allmälig, und wie die obige Tabelle schon zeigt (genauer aber noch die ausführliche Darstellung auf den Tafeln der genannten Abhandlung), keimten zuerst die Samen aus den hohen Berglagen, später die aus wärmeren Gegenden, ein sicheres Zeichen, daß die ersteren ein geringeres Wärmebedürfniß haben, als die letzteren. Diese Ergebnisse der Versuche bei niedriger Temperatur sind die werthvollsten, da bei ihnen die Temperatur viel gleichmäßiger gehalten werden konnte, als bei den anderen, und durch das ganz allmälige Steigen derselben im Laufe vieler Wochen genau die Minima der Keimtemperatur für die verschiedenen Samenarten festgestellt werden konnten, während die weniger sicher bestimmten Maxima und Optima noch einer genaueren Feststellung bedürfen. Während die Wärmegrade **über** dem Maximum der Keimtemperatur sehr leicht tödtlich auf die Keimkraft der schon in der Entwicklung begriffenen Samenkörner einwirken, können dieselben Temperaturen **unter** dem Minimum sehr gut ertragen. Viele Fichtensamen lagen, nur durch die niedrige Temperatur am Keimen verhindert, länger als 80 Tage im feuchten Zustand auf der Keimplatte, bis endlich die Wärme einen Grad erreichte, bei welchem sie zu keimen vermochten, und sie entwickelten sich dann ebenso gut und kräftig, als wären sie kürzlich erst unter günstigen Bedingungen ausgesät.

Ganz den Ergebnissen entsprechend, welche in den Versuchen mit Fichtensamen sich herausstellten, waren die bei den mit Kiefern, Tannen, Buchen und Bergahornsamen ausgeführten Saaten. Bei allen zeigte es sich, daß das Wärmebedürfniß der Samen aus kälteren Orten geringer ist, als das der aus warmen Gegenden stammenden. Die Kiefernsamen verhalten sich in jeder Beziehung denen der Fichte ähnlich, auch die der Tanne weichen nur darin von beiden ab, daß ihr Wärmebedürfniß etwas **geringer** ist. Noch **geringer** ist das der Bucheckern, deren am wenigsten Wärme gebrauchende Körner schon bei 5° C. (=4° R.) zu keimen vermögen, während ihre am meisten wärmebedürftigen Nummern schon schnell verderben, wenn die Temperatur 20° C. übersteigt. Die Grenzen für das Minimum, Optimum und Maximum der Keimtemperatur sind auch hier verschieden, die meisten Bucheckern vermochten bei 5° C. noch nicht zu keimen, sondern warteten eine etwas höhere Temperatur ab, zu der weiteren Entwicklung, nachdem das Würzelchen etwa 1 cm lang geworden ist, gebrauchen sie alle einen höheren Wärmegrad; wird dieser nicht gewährt, so bleibt das Wachsthum stehen, ohne daß unter sonst günstigen Bedingungen die Keimlinge Schaden dadurch litten. Die Cotyledonen breiten sich erst aus, wenn die Wärme auf mindestens 11 ° C. steigt. Auch dieser Stillstand in der Entwicklung schon gekeimter Körner in Folge zu niedriger Temperatur, welche indeß nie unter 5° C. bei den hiesigen Versuchen sank, schadet keiner der Samenarten, welche hier verwendet wurden. Alle Keimlinge setzten ihre Entwicklung ruhig fort, sobald die Temperatur günstiger wurde. Am wenigsten Einfluß hatte die Erniedrigung des Wärmegrades auf die Keimlinge des Bergahorn, welche, wenn sie einmal die Entwicklung begonnen hatten, bis zur Entfaltung der Keimblätter sich nicht in derselben stören ließen. Natürlich vollzieht sich auch bei dieser Art die Entwicklung schneller in der Nähe des Optimum als in der des Minimum der Temperatur.

Aus dem durch diese Versuche gewonnenen Ergebniß, daß innerhalb der Art die Samen der Bäume, welche in kälteren Lagen erwuchsen, geringeres Wärmebedürfniß haben, als die der Bäume aus warmen Orten, könnte man bei flüchtiger Beachtung zu schließen geneigt sein, daß auch die verschiedenen Arten unter sich ein ähnliches Verhalten zeigen würden; daß also auch die Samen der Baumarten, welche höher ins Gebirge aufsteigen, z. B. Fichte, ein geringeres Wärmemaaß zur Keimung bedürften, als die derjenigen, welche unten zurückbleiben, z. B. Buche. Das Ergebniß der hiesigen Versuche ist jedoch für die verwendeten Samenarten fast genau das umgekehrte. Die Samen der Holzarten, welche die kälteren Klimate zu ertragen vermögen, die der Fichte und Kiefer, brauchten einen höheren Wärmegrad für die Keimung, als die der empfindlicheren Tanne und Buche. Beispielsweise gebrauchten bei den Keimversuchen, die in niedriger, allmälig steigender Temperatur ausgeführt wurden, bis zur Keimung

die ersten	Bucheckern	14	Tage mit durchschnittlich	5,5 ° C.
„ „	Tannensamen	23	„ „ „	6,3 ° C.
„ „	Fichtensamen	29	„ „ „	6,5 ° C.

Die einfachste Erklärung dieser Erscheinung ist, wie ich glaube, die, daß die Temperatur der den Samen in den früheren Generationen gebotenen Aussaatzeit von wesentlichem Einfluß auf das Wärmebedürfniß der Keimpflanzen ist. Die Vermuthung, daß dem so sei, sprach Haberlandt[1]) kürzlich schon aus, und dieselbe findet hier ihre Bestätigung. Die Anpassung der Keimentwicklung der Samen an eine bestimmte Temperatur kann in folgender Weise gedacht werden: Die Keimung der Samen jeder Art findet innerhalb bestimmter Temperaturgrenzen, die durch rein physicalische und chemische Gesetze festgestellt sind, statt. Diese Grenzen werden aber nicht von allen Individuen derselben Art gleichmäßig eingehalten, sondern in Folge gewisser, durch den Gebrauch während vieler Generationen erblich gewordenen Gewohnheiten, halten sich dieselben in engeren Schranken,

---

[1]) G. Haberlandt. Die Schutzeinrichtungen in der Entwicklung der Keimpflanze. Wien 1877.

die bald der unteren, bald der oberen physicalischen Grenze näher liegen. Ueber die Gründe dieser Erscheinung wissen wir bisher nichts, nur hat sich durch längere Beobachtungen für eine Reihe von Pflanzen, in vorliegendem Fall nun auch für die Keimlinge mehrerer unserer Waldbäume, das Gesetz herausgestellt, daß die Pflanzen ihre Lebensthätigkeit nach dem Klima, in dem sie wohnen, bis zu einem gewissen Grade einrichten und sich an bestimmte Bedingungen derart gewöhnen, daß selbst ihre Nachkommen noch so zu leben suchen, wie sie, wenn auch diesen dieselben Bedingungen nicht mehr geboten werden. Auch unsere Waldbaumsamen können die äußersten physicalischen Grenzen der Temperatur für ihre Keimung nicht benutzen, sondern jedes Individuum beansprucht nur einen Theil des möglichen Gebietes, und zwar liegen die benutzbaren Wärmegrade verschieden hoch, je nachdem in einer Reihe von Generationen den Vorfahren eine hohe oder niedere Temperatur bei ihrer Keimung geboten wurde. Die Grenzen dieser verwendbaren Temperatur nach unten und oben sind dann das zu beobachtende Minimum und Maximum, zwischen beiden liegt der für die Entwicklung günstigste Grad. Dieser letztere, das Optimum, wird jedoch in der Natur wohl selten benutzt werden können, da die Samen in Folge der Biegsamkeit des Organismus die Keimthätigkeit beginnen, sobald unter sonst passenden Bedingungen der Wärmegrad von der Seite des Minimums oder des Maximums her eine für sie verwendbare Höhe erreicht. In unserem Klima keimen die Waldbaumsamen gewöhnlich bei einer dem Minimum nahe liegenden Temperatur, häufig wohl selbst an der äußersten physicalisch möglichen Minimalgrenze, da sie fast alle sehr zeitig im Jahre ausgesät werden und ihnen das Minimum *vor* dem Optimum geboten wird. Tritt dann die Temperaturhöhe des Optimum ein, so kann dieselbe gewöhnlich nur den späteren Entwicklungsstadien zu Gute kommen. In die Lage, jemals von dem Maximum Gebrauch machen zu müssen, kommen die meisten unserer Waldbaumsamen draußen wahrscheinlich nie. Daß dies Maximum aber dennoch besteht, liegt eben darin, daß jene Biegsamkeit des Organismus nach beiden Seiten hin ihre Grenze hat, die eingehalten wird, wenn die Pflanze auch in keiner Generation je Gelegenheit gehabt hat, sich ihr anzupassen. Es ist wohl denkbar, daß andere Samen in genau umgekehrter Weise sich ihrem Maximum angepaßt haben und dabei doch ein festes Minimum zeigen, obgleich sie nie in die Lage kamen, dasselbe ertragen zu müssen.

Geht man von diesen Gesichtspunkten aus, so kann es nicht auffallend erscheinen, wenn die Samen der Buche und Tanne, die schon im Herbst ausgestreut werden und von jeher die Keimung bei einer niedrigen Temperatur begannen, ein geringeres Wärmebedürfniß haben als die Samen der Fichte. Die Bucheckern keimen bekanntlich in Mitteldeutschland oft schon in den ersten Tagen des Februar und wahrscheinlich häufig schon früher, wenn der Boden nur frostfrei ist. Sie keimten daher auch in den hiesigen Versuchen schon bei etwa 5° C.; ähnlich die Tannensamen. Die Aussaat der Fichtensamen indeß erfolgt gewöhnlich im Frühjahr, wenn auch in warmen, sonnigen Lagen schon ein Theil der Samen früher ausfällt; die Aussaat der Kiefer findet sicher immer erst im Frühling ziemlich spät statt, dem entsprechend keimen diese Samen erst bei höherer Temperatur, als die der Buche und Tanne, denn ihre Vorfahren hatten keine Veranlassung, einem niedrigen Wärmegrad sich anzupassen.

Das frühzeitige Keimen bei niedriger Temperatur und die Fähigkeit, im angekeimten Zustande lange liegen zu können, muß für die Buchecker und in noch höherem Grade für die Eichel, welche noch früher, zuweilen schon in der Cupula am Baum keimt, als eine für die Art nützliche Einrichtung angesehen werden. Die sonst leicht verderbenden Samen werden dadurch erhalten und die Pflanze hat Zeit, ein verhältnißmäßig beträchtliches Wurzelsystem zu bilden, so lange der Boden noch reichlich feucht und durchweicht ist, bevor dann bei der später eintretenden höheren Temperatur der oberiodische Theil sich entwickelt. Beim Ahorn geht die Entwicklung in niedriger Temperatur, wie schon oben gesagt, etwas weiter vor sich, bis zur Ausbreitung der Cotyledonen, erst das Hervortreiben der Blätter scheint von höheren Wärmegraden abhängig zu sein.

Die Ergebnisse der Versuchsreihen (s. d. genannte Abhandlung) lassen bei den einzelnen Nummern so zahlreiche Abweichungen von den aus Durchschnittszahlen gefundenen Regeln erkennen, daß man an der Richtigkeit der letzteren zweifeln möchte. Doch andererseits sind Umstände genug bekannt, welche bedeutende Abweichungen von den Regeln zu veranlassen wohl im Stande sind, namentlich wenn sie nach einer Richtung hin zusammen wirken; nur in jedem einzelnen Falle dieselben nachzuweisen ist nicht immer möglich. Von großem Einfluß auf die Vegetation ist die Lage der Standorte gegen die Himmelsrichtung. Daß dieser Einfluß sich schon auf die Keimthätigkeit der Samen erstreckt, wurde durch die nach der Lage der Standorte gegen die Himmelsrichtung ausgeführte Zusammenstellung der Keimergebnisse verschiedener Samennummern dargethan. Es stellte sich z. B. heraus, daß Fichtensamen aus dem Schwarzwald und Tannensamen aus den Vogesen bei einer Temperatur von nahezu 20° dann schneller keimten, wenn sie Ost- und Südlagen entstammten, gegenüber den auf Nordlagen gereiften. Aehnlich zu erklärende Unterschiede stellten sich auch bei Kiefernsamen verschiedener Herkunft heraus. Da aber all diese Ergebnisse nur durch eine geringere Anzahl von Daten gestützt und nicht ohne Ausnahme sind, muß hier auf die genauere Darstellung der Einzelheiten in genannter Abhandlung verwiesen werden, in welcher dieselben neben den Angaben in Zahlen und Worten auch durch Curvenzeichnungen übersichtlicher gemacht wurden. Außerdem wird dort eingehender ausgeführt, daß auch, wie jedem Forstmann bekannt ist, durch ganz unbedeutend erscheinende Bodenformungen bedingt, klimatische Einflüsse sich geltend machen, die zwar die Bedingungen im Ganzen wenig ändern und vielleicht durch Messungen mit Instrumenten kaum zu ermitteln sind, aber doch sich durch bedeutende Beeinflussung der Vegetation bemerklich machen. Besonders ins Auge zu fassen sind dabei die durch Spätfröste bedrohten Lagen. Es ist sehr wahrscheinlich, daß an solchen Orten härtere Baumformen sich erhalten, während dicht daneben andere, empfindlichere derselben Art ihre passende Stelle finden. Derartige Unterschiede sind aber am älteren Bestande oft nicht mehr zu erkennen und es ist sehr leicht möglich, daß aus anscheinend ein und derselben Lage Samen von zwei dicht nebeneinander stehenden Bäumen gewonnen werden, die sich gegen die Temperatur ganz verschieden verhalten, weil der eine Baum von einer Form stammt, für die es in der Jugend vortheilhaft war, daß sie mit einem geringeren Wärmegrad vorlieb nehmen konnte, oder im andern Fall auch vielleicht einen höheren beanspruchte als die benachbarten.

Auch der Zustand der Samen selbst, ihr anatomischer Bau, ihr Reifegrad haben Einfluß auf die Keimthätigkeit, und viele Samen bedürfen einer Vorbereitungszeit vor dem Keimen, in welcher jedenfalls chemische Umwandlungen in ihnen vorgehen, welche die Keimung erst ermöglichen, die aber äußerlich nicht nachweisbar sind.

Diese Schwierigkeiten, den Zustand der Samen in jeder Beziehung genau zu erkennen, machen es unmöglich, für vergleichende Versuche nur solche Körner auszusuchen, welche bis auf die Herkunft in jeder Beziehung gleich sind. Dennoch kann man aus einer größeren Anzahl von Beobachtungen zu einem brauchbaren Ergebniß gelangen, da bei Verwendung einer größeren Zahl angenommen werden darf, daß den für die schnelle Keimung am günstigsten organisirten Samen des einen Standortes, andere verhältnißmäßig ebenso günstig beanlagte auf dem anderen Standort entsprechen. Daß sich die durch die verschiedene Beschaffenheit der Samen entstehenden Fehler vollständig ausgleichen, kann allerdings nur bei einer sehr großen Anzahl von Einzelversuchen erwartet werden; die vorliegenden reichen noch bei Weitem nicht aus, und es muß hier schon als ein befriedigendes Ergebniß bezeichnet werden, daß man dennoch bei ihrer Prüfung durch mancherlei Abweichungen hindurch das Gesetz erblicken kann.

Bis hierher der Bericht über die bereits veröffentlichten Ergebnisse.

Der Versuch, später noch einige weitere Schlüsse aus den vorhandenen zahlreichen Beobachtungen und Messungen zu ziehen, hatte geringen Erfolg und gab meist nur Anregung zu späteren, eingehenderen Prüfungen. Einige Ergebnisse indeß brachte noch die Vergleichung der weiteren Entwickelung der Fichtenkeimlinge. Während der Keimversuche wurden nicht alle gekeimten Körner gleich nach dem Hervorbrechen des Würzelchens beseitigt, sondern die kräftigsten jeder Nummer blieben liegen und es wurde die Länge des Würzelchens von Tag zu Tage gemessen.

Um nun festzustellen, ob die Samennummern, welche sich gleich im Anfang durch schnelle Keimung auszeichneten, auch ferner durch entsprechend rasch verschreitende Entwicklung den anderen voreilten, wurden zunächst alle die Nummern zusammengestellt, welche bei durchschnittlich 18,85° C. bis zum 5. Tage nach der Aussaat zu mehr als 50 % gekeimt waren, und das Längenwachsthum der Keimlinge mit demjenigen derer verglichen, von denen weniger als 50 % bis zu diesem Tage hervorbrachen. Folgende Uebersicht bringt das Ergebniß dieser Zusammenstellung:

Die berechnete durchschnittliche Keimlänge der am stärksten ausgebildeten Keimpflänzchen betrug am . . . . 6. 7. 8.

	6.	7.	8.
	Tage nach der Aussaat		
bei den Nummern, welche bis zum 5. Tage zu mehr als 50 pCt. gekeimt waren	7,5	13,7	20,6 mm
bei den Nummern, welche bis zum 5. Tage zu weniger als 50 pCt. gekeimt waren	6,0	11,2	19,0 mm

Es folgt hieraus, daß der im Anfang (am 6. Tage) bestehende Unterschied in der Entwickelung in der Folge nicht wesentlich vergrößert wurde. Ein ähnliches war das Ergebniß, als die Keimlängen in den Nummern nach den verschiedenen Höhenschichten getrennt mit einander verglichen wurden. Es stellte sich heraus, daß die Erstlinge jeder Nummer für alle Schichten ungefähr gleiches Wachsthum hatten. Im Durchschnitt nahmen dieselben alle, wenn sie am 5. Tage nach der Aussaat gekeimt waren, vom 6. bis zum 8. Tage bei durchschnitlich 18,85° C. um etwa 13 mm an Länge zu. Leider konnten keine anderen Messungen als die der Erstlinge, und zwar der kräftigsten unter diesen, ausgeführt werden. Diese allein leisten noch keine Bürgschaft für das Verhalten der übrigen Keimlinge derselben Nummer, und Durchschnittswerthe aus der Keimlänge aller Pflänzchen würden wahrscheinlich ein anderes Verhältniß zu einander zeigen. Außerdem wurden die Messungen bei den Versuchen gemacht, in denen die Keimung bei der günstigsten Temperatur verlief. Die durch das Klima hervorgebrachten Verschiedenheiten der Samen treten hier nicht so scharf hervor, als in der Nähe der Grenzen, bei denen eben noch die Keimung möglich ist. Doch bestätigen die vorstehenden Zusammenstellungen die Thatsache, daß Samennummern, welche sich im Durchschnitt gegen die Temperatur verschieden verhalten, doch auch einzelne solcher Körner enthalten, welche in hohem Grade von der allgemeinen Regel abweichen. Es wird hierdurch die große Anpassungsfähigkeit der Holzarten erklärlich; man kann annehmen, daß unter Samenmengen einheimischer Holzarten, die jedoch aus Orten mit anderen klimatischen Bedingungen stammen, immer wenigstens einige sind, für welche unser Klima leidlich günstig ist. Für die Praxis indeß würde diese Fähigkeit der Anpassung einzelner Körner nicht ausreichen, sondern es muß darauf gesehen werden, daß womöglich alle ausgesäten Körner die Bedingungen guten Gedeihens finden. Ob nun die Samen, welche bisher im Forstbetriebe in Norddeutschland verwendet wurden, dieser Anforderung auf jedem für sie möglichen Standort entsprechen, soll noch im laufenden Jahr zum Gegenstand eingehender Versuche gemacht werden. Ein hohes Königliches Finanzministerium hat bereits 36 Samendarren in verschiedenen Gegenden des preußischen Staates angewiesen, zu diesem Behufe Kiefern resp. auch Fichtensamen hierher einzusenden.

2. Unterschiede in der Entwicklung der einjährigen Pflanzen.

Die im Garten neben einander stehenden jungen Pflanzen wurden während des ganzen Sommers des Jahres 1878 beobachtet. Die Samen gingen sehr ungleichmäßig auf, und die Ursache der Unregelmäßigkeiten waren nicht zu erkennen; zum Theil lagen dieselben vielleicht darin, daß des ungünstigen Wetters wegen die Aussaat erst spät im April erfolgte, doch hatten die meisten Nummern die vollständige Ausbildung der einjährigen Pflanze vor dem Schluß der Vegetationszeit erreicht, so daß vergleichende Beobachtungen über den Abschluß der Vegetation im Herbst mit Erfolg gemacht werden konnten. Der Boden der Aussaatbeete ist ein schwerer Lehmboden, der zwar eine für Eiche, Buche und Ahorn günstige Beschaffenheit hat für manche andere, namentlich Nadelhölzer aber zu schwer ist. Diesem Mangel wurde jedoch für die ersten Jahre durch reichliche Beimischung von Sand und durch Aussaat in einem Keimbett von Rasenasche und Sand abgeholfen. Genaue Beobachtungen über die klimatischen Factoren konnten bisher leider noch nicht gemacht werden.

Die Ergebnisse der Beobachtungen über den Vegetationsabschluß folgen hier nach Holzarten gesondert:

Quercus pedunculata. Stieleiche.

Die Eicheln gingen ganz besonders unregelmäßig auf und erwuchsen zu Pflänzchen von sehr verschiedener Höhe. Der Abschluß der Vegetation fand spät statt. Am 12. October waren noch alle Blätter bei sämmtlichen Nummern grün, doch war es auffallend, daß viele Eichen, aus nördlicheren Gegenden stammend, eine röthliche Färbung der Blattnerven hatten, die im Sommer nicht zu sehen war. Die Eichen aus Slavonien, Ungarn und Südböhmen zeigten diese Erscheinung nicht, höchstens war bei diesen der Blattstiel schwach röthlich. Da aber später am 19. November, nachdem ein ziemlich starker Frost eingetreten war, auch viele von den letzteren diese Färbung hatten, ist dieselbe wohl als Beginn des Vegetationsabschlusses zu betrachten. Derselbe trat bei den Nummern aus dem nördlichen, kälteren Gebiet früher ein, da diese gewohnt sind mit geringerer Temperatur vorlieb zu nehmen und ihre Lebensaufgabe für das erste Jahr unter den ihnen hier gebotenen Bedingungen rechtzeitig beenden konnten. Die aus dem Süden stammenden Pflänzchen beanspruchen indeß günstigere Bedingungen, sie gediehen zwar freudig in unserem Klima, vermochten aber nicht ihre Vegetation rechtzeitig abzuschließen. Deutliches Absterben vieler Blätter war von Anfang des November an zu bemerken, in der Mitte des Monats hatte noch die größere Anzahl wenigstens einige gelbgrüne Blätter, viele der südlichen Nummern waren noch ganz grün. Die ersten Fröste schadeten ihnen nur wenig, und erst als in den letzten Tagen des November fast alle Eichennummern kahl waren, oder doch braune Blätter trugen, wurde auch das noch vielfach frische grüne Laub der slavonischen Eichen von stärkeren Frösten getödtet. (Einige dieser Eicheln säte ich noch spät im Sommer in Töpfe und hielt sie im Keller, später im Zimmer bei mäßiger Temperatur, dieselben sind theilweis bis zum heutigen Tage noch grün [Ende März 1879] und werden ihre Blätter wahrscheinlich erst bei Ausbruch der jungen Knospen verlieren).

Fagus sylvatica. Buche.

Die Buchen gingen etwas gleichmäßiger auf als die Eichen, das sehr späte Keimen einiger Nummern scheint nur in der schlechten Beschaffenheit der Samen begründet gewesen zu sein. Die meisten Nummern hatten aber vollkommen Zeit, vor Eintritt starken Frostes die Vegetation abzuschließen. Ueber das Absterben der Blätter wurden an vier Tagen Beobachtungen aufgezeichnet und zwar am 10. October, 2., 18. und 27. November 1878. Am 10. October waren die meisten Nummern noch frisch grün, einzelne Reihen indeß hatten gelbe Blätter, und es zeigte sich, daß diese Nummern fast ausnahmslos aus höheren Gebirgslagen stammten.

Am 2. November hatten fast alle Reihen mindestens einzelne gelbe Blätter, wenn auch nicht an allen Pflänzchen. Diejenigen Nummern, welche ganz gelb waren, stammten wieder vorzugsweise aus relativ hohen Gebirgslagen. Am 18. November hatte sich die Zahl der ganz gelb gewordenen Nummern bedeutend vermehrt, und der Rest, welcher auch noch am 27. November mindestens grüne Spitzen hatte, stammte ausnahmslos aus milden Lagen, aus meist geringen Höhen in den Vogesen, im Schwarzwald, aus Rheinhessen und dem Lahngebiet.

Um einen ungefähren Ueberblick über diese Verhältnisse zu gewähren, berechnete ich für die Gruppen, welche zu verschiedenen Zeiten sich verfärbten, die mittleren Abstände ihrer Herkunftsorte von der oberen Verbreitungsgrenze der Buche. Aus der Zusammenstellung sämmtlicher Nummern, von denen Pflänzchen vorhanden sind, zusammen 107 an der Zahl, ergab sich Folgendes:

	Zahl der Nummern.	Mittlerer Abstand von der oberen Verbreitungsgrenze. Meter.
Es wurden vollständig gelb bis zum 10. October . .	19	403
Außer diesen wurden vollständig gelb bis zum 2. November	32	447
" " " " " " " 18. "	41	512
Es hatten noch grüne Spitzen am 27. November . .	15	735
Zusammen	107	

Wenn dieser Berechnung auch kein absoluter Werth zugestanden werden darf und wenn sie demgemäß keine Berechtigung zu der Folgerung giebt, daß nun jeder Buchenkeimling aus einer wärmeren Lage, neben einem solchen aus kälterem Orte aufwachsend, nun unbedingt länger grün bleiben müsse als dieser, so zeigt die Zusammenstellung doch klar, daß im Durchschnitt die Pflänzchen aus wärmeren Lagen auch während der ganzen ersten Vegetationsperiode ein höheres Wärmebedürfniß haben als die aus kälteren Orten.

Die jungen Buchen aus Norddeutschland, einschließlich der nächsten Umgebung von Münden hatten die Blätter ausnahmslos am 2. bis 18. November verfärbt; da man annehmen darf, daß diese Nummern so ziemlich die für sie passenden Lebensbedingungen hier am Ort gefunden haben, kann man diese Zeit als die für den Ort und das Jahr normale Verfärbungszeit annehmen. Vor dieser Zeit wurden fast nur solche Pflänzchen mit der Lebensaufgabe für das erste Jahr fertig, welche aus hohen Gebirgslagen stammten und daheim sich mit einer geringeren Temperatur, als die hier gebotene hätten begnügen müssen. Die Pflanzen aus viel milderen Lagen dagegen konnten in der für unsere Gegenden normalen Zeit, ebenso wie die südlichen Eichen, ihre Aufgabe nicht erfüllen, da sie höhere Ansprüche erblich sich angeeignet haben. Nur ihre zuerst angelegten, unteren Blätter wurden mit der Entwicklung ganz fertig, die an den Spitzen stehenden grünten fort, bis zu harter Frost ihr Leben gewaltsam beendete.

Diese Ergebnisse, welche die in den Keimversuchen gefundene Regel bestätigen und ihre Anwendbarkeit erweitern, sind indeß nicht allein an Durchschnittswerthen sondern auch an mehreren einzelnen Beispielen klar nachzuweisen. Ich will hier nur ein auffallendes anführen:

Aus der Oberförsterei Waldkirch im Schwarzwald wurden von Herrn Oberförster Krutina 6 verschiedene, sehr sorgfältig gesammelte Nummern von Bucheckern aus nördlichen und östlichen Lagen eingesandt. Von diesen schloß eine die Vegetation bis zum 10. October ab, ihr Heimathort lag nur 170 m von der oberen Buchengrenze entfernt; eine zweite hatte sich bis zum 2. November verfärbt, ihr Standort lag 580 m unter der oberen Grenze. Die vier übrigen hatten noch am 27. November grüne Spitzen, ihre Standorte lagen 690, 830, 1020 und 1215 m unter der Grenze. Münden liegt ungefähr 500 m unter der oberen Buchengrenze, und die Nummer aus Waldkirch, deren Heimathort einen ähnlichen Abstand von der Grenze hat, ist die einzige unter 6, welche dasselbe Verhalten zeigt, wie die aus der Umgegend von Münden stammenden Eckern.

Acer Pseudoplatanus. Bergahorn.

Die jungen Pflanzen dieser Art zeichneten sich durch gleichmäßiges Aufgehen und gute Entwicklung aus. Der regelmäßige Verlauf des Blattabfalles wurde allerdings durch mehrere Fröste gestört, doch trafen dieselben nur einige der oberen Blätter der meist sehr kräftigen Pflänzchen. Das Verfärben begann schon in den ersten Tagen des October, doch blieb es den ganzen Monat hindurch unbedeutend, erst im November wurde es auffallend. Ein derartig klar hervortretender Zusammenhang zwischen der Herkunft der Samen und der Zeit der Entlaubung, wie er bei den Buchen sich zeigte, war beim Ahorn nicht festzustellen. Gegen den Frost zeigten alle Nummern die gleiche, wenn auch nicht bedeutende Empfindlichkeit, der Blattabfall wurde bei fast allen durch denselben beschleunigt und trat bei den meisten ungefähr am 19. November ein, doch stammten auch hier diejenigen Nummern, welche bis zu dieser Zeit den Vegetationsproceß noch so wenig abgeschlossen hatten, daß auch der Frost die noch grünen Blätter nicht zu lösen vermochte, aus milden Lagen des Südens, und zwar aus den Appeninen, Südvogesen und aus Basel; dieselben hatten noch am 28. November zum Theil grüne Blätter. Während des Sommers hatten sich Pflänzchen dieser Nummern hier sehr wohl befunden, die aus den Appeninen zeigten sogar besonders kräftigen Wuchs, aber doch reichte zu vollständigem Abschluß ihrer Vegetation unser Klima nicht aus.

Nadelhölzer.

An den Nadelhölzern ist der Abschluß der Vegetation nicht mit derselben Sicherheit zu erkennen wie bei den Laubhölzern. Auch die Unterschiede in der Entwicklung sind nach dem ersten Jahre noch unbedeutend. An den gemeinen Kiefern war in dieser Richtung nichts Auffallendes zu bemerken, auch die sehr ungleichmäßig, noch bis in den späten Sommer keimende Tanne zeigte nicht viel, wohl aber die Fichte (Picea excelsa). Unverkennbar waren die Pflänzchen aus hohen Gebirgslagen und außerdem die aus Ostpreußen kleiner, hatten dunklere, kürzere Nadeln als die aus milderen Lagen. In den wenigen Fällen, in denen auch Pflanzen aus warmen Orten den kleineren Wuchs zeigen, ist gewöhnlich schon an den Zapfen zu sehen, daß die Samen in irgend einer Weise, namentlich durch Insecten, an der Entwicklung gehindert waren. Die Fichten aus Schleswig-Holstein schließen sich nicht den aus gleicher Breite stammenden preußischen Nummern, sondern denen aus mittleren Lagen der deutschen Gebirge an. Es kann dies Ergebniß nicht überraschen, da die holsteinischen Fichten von angebauten Stämmen kamen, die einst wahrscheinlich als Samen aus Mitteldeutschland eingeführt waren.

Ueber die Pflänzchen aller anderen Laub- und Nadelhölzer ist vorläufig nichts zu sagen. Sie gingen entweder schlecht auf, oder waren in zu geringer Zahl vorhanden, als daß die Vergleichung der nur geringe Unterschiede zeigenden einjährigen Pflanzen Erfolg versprechen konnte.

Es gehört nun zu den ferneren Aufgaben, neben der weiteren Verfolgung der physiologischen und morphologischen Verschiedenheiten an sich, auch die Beziehungen zwischen beiden aufzusuchen. Die bisher in dieser Richtung gewonnenen Ergebnisse sind noch so zweifelhafter Natur, bedürfen noch so sehr der Bestätigung und Ergänzung, daß sie für eine spätere Veröffentlichung verspart werden müssen.

Erklärung der Tafeln.

Alle Figuren sind in natürlicher Größe dargestellt, nur die Nadelholzzapfen auf 1/2 verkleinert.

Taf. 1.	Fig. 1— 7.	Früchte der Quercus pedunculata aus Slavonien.
	„ 8—14.	„ „ „ „ „ Böhmen und Deutschland. Näheres s. S. 17.
	„ 15—19.	Früchte der Fagus sylvatica. Näheres s. S. 18.
Taf. 2.	Fig. 1— 5.	Früchte des Acer Pseudoplatanus. Näheres s. S. 18.
	„ 6— 8.	„ „ Acer platanoides. Näheres s. S. 19.
	„ 9A—12A.	Zapfen der Abies pectinata. Näheres s. S. 20.
	„ 9B—12B.	Dazugehörige einzelne Schuppen von der Außenseite gesehen.
Taf. 3.	Fig. 1A—7A.	Zapfen der Picea excelsa mit der Blattstellung nach $^{8}/_{21}$. Näheres s. S. 21.
	„ 1B—7B.	Dazugehörige einzelne Schuppen von der Außenseite gesehen.
	„ 8A, B.	Zapfen und Schuppe der nordasiatischen Fichte Picea obovata. Näheres s. S. 22.
Taf. 4.	Fig. 1 u. 2 A, B.	Zapfen und Schuppen der Picea excelsa mit der Blattstellung nach $^{13}/_{34}$.
	„ 3A, B.	Zapfen und Schuppen der Picea excelsa von der oberen Verbreitungsgrenze im Riesengebirge.
	„ 4A—9A.	Zapfen der Pinus sylvestris.
	„ 4B—9B.	Dazugehörige Schuppen von der Außenseite der Zapfen. Näheres s. S. 23.

Zusammenstellung sämmtlicher zu den Aussaatversuchen verwendeten Samennummern.

№	Herkunft der Samen. Ort des Samenbezugs.	Geographische Breite nördl.	Geographische Länge östl. v. F.	Lage gegen die Himmelsrichtung.*)	Meereshöhe. Meter	Abstand von der oberen Verbreitungsgrenze. Meter	Boden.	Angaben über die Mutterbäume. Alter.	Zahl.	Angebaut oder wild wachsend.	Zeit des Sammelns.	Einsender.	Der gemessenen Zapfen Zahl.	Länge.	größter Durchmesser.	Bemerkungen.
	Abies pectinata.															
1	Vallombrosa Appeninen	43.25	29	5	970	630	sandig. trock. Lehmbd.	70	1	wild	8. Okt.	v. Berenger.	7	146	40	
1a	Brod a. d. Kulpa, Kroatien	45.30	32.30	1	1000	450	frisch. Schiefer	130	1	do.	Oktober	Pfister, Forstgeometer.	—	—	—	
1b	Skrad, do.	45.30	32.30	1	1060	390	trocken	120	1	do.	Nov.	do.	—	—	—	
2	Grindelwald	46.30	25.40	3	1100	250	feucht	100	1	do.	Oktober	Bohren, Bergführer.	10	141	33	
3	Unprügler Alm. Insbruck	47.10	29	3	1400	0	dürr	70	1	do.	19. Nov.	Direction des Gartens.	1	120	42	
4	Vomperthal Tyrol	47.20	29.20	4	1500	0	flachgr. feucht Kalk	100	1	do.	Oktober	Of. in Schwaz.	—	—	—	
5	Pfirt Vogesen	47.30	25	3	450	700	frischer Jurakalk	120	1	do.	do.	Of. Thielmann.	—	—	—	
6	do.	47.30	25	3	550	600	do.	130	mehrere	do.	15. Okt.	do.	—	—	—	
7	do.	47.30	25	5	600	550	Kalkgeröll humos	140	1	do.	Oktober	do.	3	115	28	
8	do.	47.30	25	4	600	550	do.	120	mehrere	do.	Mitte Okt.	do.	—	—	—	
9	do.	47.30	25	1	660	490	frisch. Jurakalk	140	do.	do.	Oktober	do.	3	115	28.5	
10	Todtnau, Schwarzwald	47.45	25.40	2	920	330	frisch	150	1	do.	Ende Okt.	Of. Walli.	4	120	—	
11	do.	47.45	25.40	5	960	290	do.	200	1	do.	Mitte Okt.	do.	3	75—100	37	
12	Maasmünster	47.45	24.40	2	560	690	sehr frisch Syenit	70	1	do.	28. Okt.	Of. Seybold.	—	—	—	
13	do.	47.45	24.40	2	750	500	frisch, humos	80	1	do.	do.	do.	—	—	—	
14	do.	47.45	24.40	2	960	290	do.	80	1	do.	do.	do.	—	—	—	
15	fehlt.	—	—	—	—	—	—	—	—	—	—	—	—	—	—	
16	Waldkirch Schwarzwald	48.10	25.40	3	420	780	frisch	60—70	1	wild	10. Okt.	Of. Kautina.	2	135—150	39—45	
17	do.	48.10	25.40	5	450	750	frisch, humusreich	90	mehrere	do.	3. Okt.	do.	4	110—140	—	
18	do.	48.10	25.40	2	350	850	ziemlich frisch	80—90	1	do.	10. Okt.	do.	5	zerbrochen	33—38	
19	do.	48.10	25.40	3	600	600	ziemlich trocken	80	1	do.	6. Okt.	do.	6	135—150	40—42	
20	Weiler Vogesen	48.20	25	2	650	550	fr. Vogesen-Sandsteinbd.	80	1	do.	12. Okt.	Of. Kuchenbecker.	15	70—100	34—40	
21	do.	48.20	25	4	450	750	mittelfeucht	90	2	do.	do.	do.	8	108—125	33—36	
22	Barr, Vogesen	48.30	25.10	3	1050	110	naß	100	1	do.	8. Okt.	Of. Rebmann.	4	90—95	34—36	
23	do.	48.30	25.10	1	970	190	feucht	80	1	do.	do.	do.	4	90—100	31—33	
24	do.	48.30	25.10	4	970	190	do.	80	1	do.	do.	do.	2	100—110	35—37	
25	do.	48.30	25.10	4	800	360	frischer Sandboden	130	1	do.	do.	do.	3	90—100	33—34	
26	do.	48.30	25.10	2	800	360	sehr frisch	140	1	do.	do.	do.	3	100—120	35—37	
27	do.	48.30	25.10	4	550	610	ziemlich frisch	130	1	do.	do.	do.	3	105—130	35—37	
28	do.	48.30	25.10	2	550	610	sehr frisch	140	1	do.	do.	do.	3	120—150	36—38	
29	do.	48.30	25.10	2	300	860	do.	140	1	do.	do.	do.	3	115—130	40—41	
30	do.	48.30	25.10	4	300	860	ziemlich frisch Granit	130	1	do.	do.	do.	3	125—150	37—41	
31	Of. Weiler	48.20	25	2	650	550	frisch, Granit	75	2	do.	16. Okt.	Of. Kuchenbecker.	9	100—125	39—43	
32	Of. Markirch	48.15	25	4	370	830	do. II ll	90	1	do.	8. Okt.	Of. Vogelgesang.	5	100	zerfallen	
33	do.	48.15	25	3	630	570	frisch. tiefgr.	80	1	do.	12. Okt.	do.	3	120—130	34—36	
34	do.	48.15	25	4	640	560	frisch	90	1	do.	8. Okt.	do.	2	115	34—36	
35	do.	48.15	25	3	870	330	frischer Granit-Felsen	100	1	do.	do.	do.	2	135—145	36	
36	do.	48.15	25	4	900	300	frisch. tiefgr.	100	1	do.	15. Okt.	do.	3	110—118	34—36	
37	do.	48.15	25	3	920	280	frisch	80	1	do.	6. Okt.	do.	3	100—125	43	
38	do.	48.15	25	3	1020	180	do.	90	1	do.	15. Okt.	do.	3	115—125	36—37	
39	Ofr. Colmar-West	48.5	25	2	400-450	775	trocken	60—80	3	do.	Anf. Okt.	Of. Stamm.	—	—	—	
40	do.	48.5	25	2	500-550	675	do.	60—80	2	do.	do.	do.	—	—	—	
41	do.	48.5	25	2	700-750	475	do.	60—80	3	do.	do.	do.	—	—	—	
42	Ofr. Kranzberg. (Freising)	48.25	29.25	2	507	690	frisch. sand. Lehm	98	1	do.	4. Okt.	Of. Striegel.	—	—	—	
43	Ofr. Rappoltsweiler Vogesen	48.15	25.5	3	700	500	feucht	100	mehrere	do.	23. Okt.	Of. Doinet.	—	—	—	
44	Probstwald b. Egesheim	48.15	26.45?	5	1000	200	lehm. Kalk	90	do.	do.	8. Nov.	v. Fischbach.	—	—	—	
45	Zabern Vogesen	48.45	25.5	5	240	880	frisch. lehm. Sand	35—40	1	do.	6. Okt.	Of. v. Lassaulx.	5	125—148	37—44	
46	do.	48.45	25.5	5	245	875	do.	70—80	1	do.	do.	do.	4	111—145	37—39	

47	Zabern Vogesen	48.45	25.5	5	490	630	frisch. lehm. Sand	120	mehrere	wild	2. Okt.	Of. v. Lassaulx.	4	135—150	35—37
48	do.	48.45	25.5	5	490	630	do.	40—50	do.	do.		do.	4	145—160	37—39
49	do.	48.45	25.5	1	510	610	trock. lehm. Sand	40—50	1	do.	4. Okt.	do.	4	123—157	37—41
50	do.	48.45	25.5	2	550	570	frisch. lehm. Sand	100—120	mehrere	do.	do.	do.	4	115—122	35—38
51	Lützelhausen, Elsaß	48.45	25	1	280	840	dürr	80	1	do.	8. Okt.	Of. Usener.	2	140—145	—
52	do.	48.45	25	3	550	570	do.	90	1	do.	15. Okt.	do.	3	101—150	—
53	do.	48.45	25	2	980	140	do.	70	1	do.	25. Okt.	do.	6	85—130	32—38
54	Lützelstein — Süd-Elsaß	48.50	25	3	200	920	frisch	90—100	1	do.	10. Okt.	Of. v. Bodmeyer.	—	—	—
55	do.	48.50	25	2	350	770	dürr	90—100	1	do.	do.	do.	1	140	30
56	do.	48.50	25	5	400	720	do.	90—100	1	do.	do.	do.	—	—	—
57	do.	48.50	25	4	425	695	ziemlich frisch	90—100	1	do.	do.	do.	—	—	—
58	Rev. Zakamene Karpathen	49.30	37	4	800	200	trocken humos. Lehm	100	mehrere	do.	Anf. Nov.	Ofm. Rowland.	—	—	—
59	do. do.	49.30	37	4	830	170	do.	80	do.	do.	7. Nov.	do.	—	—	—
60	do. do.	49.30	37	4	860	140	sand. Lehm	130	1	do.	5. Nov.	do.	—	—	—
61	Rev. Arva Varalja do.	49.30	37	2	700	300	mag. bind. Lehm auf Kalk	90	1	do.	29. Okt.	do.	—	—	—
62	Rev. Muttne do.	49.30	37	5	780	220	frisch. kräft. Lehm	80	1	do.	28. Okt.	do.	—	—	—
63	do. do.	49.30	37	2	800	200	humos. frisch. Lehm	100	1	do.	29. Okt.	do.	8	72—93	28—31
64	do. do.	49.30	37	5	1130	0	steiniger, frisch. Lehm	70	1	do.	25. Okt.	do.	3	150—165	42—45
65	do. do.	49.30	37	5	960	0	do.	170	1	do.	29. Nov.	do.	—	—	—
66	do. (Beskiden)	49.30	36.30	5	1130	0	steinig humos, trock. Lehm	70	1	do.	29. Okt.	do.	5	150—170	42—47
67	Rev. Nagyfalu (Tatra-Geb.)	49.10	37.50	4	1130	0	zieml. frisch. Lehm	150	1	do.	5. Nov.	do.	4	127—154	39—46
68	do. do.	49.10	37.50	4	1130	0	do	150	1	do.	do.	do.	5	143—175	44
69	Rev. Podbjel Centralkarpathen	49.30	38.30	5	1060	0	humos. Lehm	80	1	do.	6. Nov.	do.	—	—	—
70	do.	49.30	38.30	1	1060	0	trock. steinig	60	1	do.	4. Nov.	do.	3	90—120	31—33
71	Rev. Polhora (Babiagura)	49.30	36.30	3	930	70	humos. Lehm	200	1	do.	29. Okt.	do.	4	152—159	44—46
72	do.	49.30	36.30	5	860	140	nasser Lehm	260	1	do.	30. Okt.	do.	7	120—135	32—37
73	do.	49.30	36.30	3	930	70	humos. Lehm	200	1	do.	29. Okt.	do.	2	135—142	42—45
74	do.	49.30	36.30	3	980	0	frisch. Lehm	280	1	do.	do.	do.	5	122—133	40—44
75	do.	49.30	36.30	3	980	0	do.	270	1	do.	28. Okt.	do.	4	123—138	42—44
76	do.	49.30	36.30	4	1000	0	do.	100	1	do.	29. Okt.	do.	5	117—143	35—40
77	do.	49.30	36.30	4	1060	0	do.	260	1	do.	do.	do.	7	101—117	30—33
78	do.	49.30	36.30	4	1060	0	do.	260	1	do.	30. Okt.	do.	6	103—123	31—33
79	do.	49.30	37	4	1130	0	kräft., frisch., steinig. Lehm	160	1	do.	28. Okt.	do.	8	94—110	34—38
80	do.	49.30	37	4	1130	0	tiefgr. humos. Lehm	90	1	do.	29. Okt.	do.	4	130—149	37—40
81	do.	49.30	37	4	1130	0	mager Lehm	110	1	do.	do.	do.	3	110—118	38—44
82	do.	49.30	37	4	1160	0	steiniger Lehm	160	1	do.	28. Okt.	do.	4	85—101	37—40
83	Seewald (Böhmerwald)	49.5	30.50	2	1080	0	trock. Sehr humusreich	100	2	do.	Anf. Nov.	Hörmann, Forstverw.	7	92—111	33—36
84	Eisenstein do.	49.5	30.50	2	1100	0	dürr	200	1	do.	Oktober	do.	4	110—137	34—35
85	Seewald do.	49.5	30.50	2	1220	0	trock. Sehr humusreich	100	1	do.	Anf. Nov.	do.	8	52—88	28—34
86	Schätzenwald do.	49	31	2	950	150	feucht. sand. Lehm	68	1	do.	18. Okt.	v. Purkyne.	—	—	—
87	Neubrunn do.	49	31	2	660	440	trock., Granit	160	1	do.	20. Nov.	do.	—	—	—
88	Rev. Stubenbach do.	49	31	4	1080	0	steinig trocken	200	1	do.	Ende Okt.	do.	—	—	—
89	Ofr. Ahornberg, Fichtelgeb.	50	29.30	1	700	250	mäßig	97	1	do.	25. Okt.	Of. Denk.	—	—	—
90	Ofr. Niederramstadt b. Darmstadt	49.50	26.20	1	160	780	mäßig frisch	110—120	mehrere	do.	Oktober	Of. Löwer.	—	—	—
91	Ofr. Königstein	50.10	26.5	3	850	60	do.	80	1	do.	10. Nov.	Of. Schwab.	7	94—109	37—39
92	Görbersdorf, Kreis Waldenburg	50.45	33.50	4	800	0	Steingeröll	120	mehrere	do.	8. Okt.	Strähler.	8	98—115	35—39
93	Lange Berg b. Gehren, Thüringen	50.40	28.40	5	615	200	mäßig frisch	100—110	1	do.	22. Okt.	Obf. S. Wellendorf.	6	95—122	33—35
94	Ofr. Marburg (Hessen)	50.45	26.25	1	280	520	dürr	50	1	do.	10. Okt.	Of. Hertel.	5	120—136	33
95	Olbernhau (Erzgebirge)	50.40	31	2	650	200	frischer Granit	70	1	do.	15. Nov.	Forstm. Schaal.	—	—	—
96	Schleusingen Thüringen	50.31	28.25	2	530-560	280	frisch	90—120	4	do.	Anf. Nov.	Of. Deckert.	—	—	—
97	Ofr. Erlau do.	50.31	28.25	2	506	300	do.	100—120	mehrere	do.	Oktober	Of. Suabedissen.	—	—	—
98	Marschendorf. Riesengeb.	50.40	33.30	5	600	220	frisch. Lehm	100—120	2	do.	Anf. Nov.	v. Purkyne.	—	—	—
99	do.	50.40	33.30	3	660	160	Lehm mit Humus	90	1	do.	do.	do.	—	—	—
100	do.	50.40	33.30	3	800	20	do.	100	mehr	do.	do.	do.	—	—	—
101	do.	50.40	33.30	5	1030	0	—	80—95	2	do.	15. Okt.	do.	—	—	—
102	Isergeb. Schlesien	51	33	5	445	340	trocken, steinig. Humos	60—100	mehrere	do.	8. Okt.	Of. Bormann.	—	—	—
103	Habichtswald	51.20	27	3	350	380	frisch, Basalt	100	do.	angeb.	9. Dec.	Of.-Cand. Martin.	—	—	—
104	do.	51.20	27	3	450	280	do.	100	do.	do.	11. Dec.	do.	—	—	—
105	do.	51.20	27	3	300	430	do.	50	do.	do.	7. Dec.	do.	—	—	—
106	do.	51.20	27	3	240	490	do.	100	1	do.	11. Dec.	do.	—	—	—

*) Es bedeuten: 1 = eben; 2 = N, NO; 3 = O, SO; 4 = S, SW, 5 = W, NW.

№	Herkunft der Samen. Ort des Samenbezugs.	Geographische Breite nördl.	Geographische Länge östl. v. F.	Lage gegen die Himmelsrichtung.*)	Meereshöhe. Meter	Abstand von der oberen Verbreitungsgrenze. Meter	Boden.	Angaben über die Mutterbäume. Alter.	Zahl.	Angebaut oder wildwachsend.	Zeit des Sammelns.	Einsender.	Der gemessenen Zapfen Zahl.	Länge.	größter Durchmesser.	Bemerkungen.
	Abies pectinata.															
107	Habichtswald	51.20	27	1	525	200	frisch Basalt	80	1	angeb.	17. Okt.	Of.-Cand. Martin.	—	120—130	—	
108	do.	51.20	27	1	525	200	do.	80	1	do.	do.	do.	—	120—130	—	
109	Ofr. Schwartau	54	28.30	1	20	—	trocken	30	1	do.	15. Okt.	Of. Meyer.	—	—	—	
	Picea excelsa.															
1	Dol im Tornovaner Wald b. Görz	46	31.15	4	900	1200	steinig trocken Jurakalk	55	1	wild	6. Nov.	Spanitz Forstingen.	10	90—123	28—33	breit, zl.starr ähnl. 1a chl.?
2	do.	46	31.15	4	1400	700	trocken Jurakalk	120	1	do.	do.	do.	10	60—80	22—25	do.
3	do.	46	31.15	1	1092	1000	frisch	110	1	do.	Ende Okt.	do.	5	116—125	35	breit, weich, ähnl. 1a chl.
4	do.	46	31.15	1	1050	1050	feucht tiefgründ.	100	1	do.	do.	do.	6	75—91	28—32	do.
5	Grindelwald Alpen	46.30	25.40	2	1550	400	dürr	80	1	do.	Oktober	P. Bohren.	10	125—163	26—31	breit, lederart. ähnl. 33 chl.
6	Innsbruck, Blaser	47.15	29	4	1700	80	do.	50	2	do.	2. Nov.	Direction d. bot. Gart.	9 —	110—115 75—93	25—28 27—30	a hart, ähnl. 1a eryth.? b weich ähnl. 47 chl.?
7	Bomperthal Tyrol	47.20	29.20	4	1600	180	zieml. feucht flach	50	1	do.	Oktober	Of. in Schwaz.	7	101—134	30—35	breit, hart ähnl. 1a chl
8	Ofr. Todtnau. Schwarzw.	47.45	25.40	2	920	740	frisch	120	1	do.	Ende Okt.	Of. Walli.	10	98—125	24—27	ähnl. 1a chl.
9	do.	47.45	25.40	2	1000	660	do.	120	1	do.	do.	do.	10	91—116	27—28	ähnl. 17 chl.?
10	do.	47.45	25.40	2	1250	410	do.	120	1	do.	Mitte Okt.	do.	7	108—120	27—30	ähnl. 17 starr chl.
11	do.	47.45	25.40	4	1250	410	ziemlich frisch	120	1	do.	Nov.	do.	11	89—113	26—29	do.
12	do.	47.45	25.40	2	1350	310	frisch	120	1	do.	Anf. Nov.	do.	12	94—116	25—27	do. eryth.?
13	do.	47.45	25.40	4	1420	240	etwas trocken	150	1	do.	Nov.	do.	10	67—89	25—26	zl. schmal u. weich sonst ähnl. 1a chl.
14	Donaueschingen Schwarzwald	48	26.10	4	780	840	dürr	74	1	do.	25. Okt.	Of. Rißling.	9	127—165	31—36	starr ähnl. 17 eryth.?
15	do.	48	26.10	1	787	830	do.	80	1	do.	20. Nov.	do.	6	125—134	28—30	zl. weich ähnl. 17 eryth.?
16	do.	48	26.10	3	804	820	do.	71	1	do.	20. Okt.	do.	4	132—140	31	starr ähnl. 17 chl.
17	do.	48	26.10	4	903	720	(mittelmäßig)	40	1	do.	30. Okt.	do.	4	127—142	32	s. Abbild. chl.
18	do.	48	26.10	3	940	680	feucht	60	1	do.	4. Nov.	do.	14	110—132	26—30	weich ähnl. 33 ery.?
19	do.	48	26.10	1	1020	600	naß	85	1	do.	30. Okt.	do.	11	112—128	29—33	zl. weich ähnl. 17 chl.?
20	do.	48	26.10	1	1026	590	do.	70	1	do.	5. Nov.	do.	11	110—129	31—35	starr ähnl. 17 chl.
21	Ofr. Markirch	48.15	25	3	800	780	frisch. Granit	60	1	do.	5. Okt.	Of. Vogelgesang.	2	155	32—34	zl.weich ähnl. 33 noch breit. chl.
22	do.	48.15	25	3	800	780	trock. Granit	35	1	do.	13. Okt.	do.	4	120—130	28—30	zl. weich ähnl. 59 chl.?
23	do.	48.15	25	2	874	710	frisch, quellig	60	1	do.	—	do.	2	90—100	27—29	zl. weich ähnl. 33 chl.
24	do.	48.15	25	4	740	840	frisch, tiefgr.	75	1	do.	8. Okt.	do.	2	145—150	35	do.
25	Ofr. Kranzberg (Freising)	48.25	29.25	1	503	1050	frisch, sandiger Lehm	92	1	do.	Nov.	Of. Striegel.	7	100—124	23—28	zl. starr ähnl. 59 chl.
26	Lützelhausen (Elsaß)	48.45	25	3	550	950	dürre	60	1	do.	15. Okt.	Of. Usener.	10	102—120	29—30	starr ähnl. 17 chl.?
27	do.	48.45	25	2	950	550	do.	90	1	angeb.	25. Okt.	do.	10	100—125	25—28	zl. starr ähnl. 33 chl.
28	Hirsau (Schwarzwald)	48.45	26.25	4	600	900	trocken	77	1	do.	Anf. Nov.	Forstref. Kloß.	13	99—133	28—34	starr, ähnl. 1a eryth.
29	Rev. Pürstling Böhmerwald	49	31	3	1160	310	naß	210	1	wild	29. Nov.	v. Purkyne.	—	—	—	starr ähnl. 17 chl.
30	do. do.	49	31	4	1200	270	trocken	170	1	do.	do.	do.	—	—	—	do.
31	do. do.	49	31	2	1300	170	trocken steinig	230	1	do.	do.	do.	—	—	—	do.
32	Rev. Schätzenwald do.	49	31	2	940	530	trockener sandiger Lehm	66	1	do.	18. Okt.	do.	—	—	—	do.
33	do. do.	49	31	2	950	520	nasser Lehm	68	1	do.	do.	do.	—	—	—	S. Abbild. lederartig chl.
34	Pürstling do.	49	31	3	440	1030	naß (Urwald)	190	1	do.	29. Nov.	do.	—	—	—	starr, ähnl. 1a chl.
35	Fillipp-Hütte do.	49	31	4	440	1030	trocken	117	1	do.	Nov.	do.	—	—	—	Durch Insecten beschädigt.
36	do. do.	49	31	4	440	1030	do.	126	1	do.	do.	do.	—	—	—	do.
37	Rev. Stubenbach do.	49	31	4	1080	390	stein. trock. humusreich	180	1	do.	Ende Okt.	do.	—	—	—	do.
38	Rev. Neubrunn do.	49	31	2	660	810	trocken, Granit	160	1	do.	20. Nov.	do.	—	—	—	starr ähnl. 1a chl.
39	do. do.	49	31	2	660	810	do.	130	1	do.	do.	do.	—	—	—	do.
40	do. do.	49	31	4	1060	410	naß	50	1	do.	do.	do.	—	—	—	do.
41	do. do.	49	31	1	1260	210	trocken, Granit	112	1	do.	11. Nov.	do.	—	—	—	starr ähnl. 17 chl.?
42	do. do.	49	31	3	1260	210	do.	117	1	Urwald	18. Nov.	do.	—	—	—	Durch Insecten beschädigt.
43	do. do.	49	31	4	1260	210	naß (Filz)	130	1	do.	20. Nov.	do.	—	—	—	do.
44	Arva Baralja, Karpathen	49.30	37	5	680	690	frisch, kräftig. Lehm auf Kalk	45	mehrere	wild	Nov.	Ofm. Rowland.	4	117—135	28—31	zl. starr ähnl. 59 eryth. ?
45	do. do.	49.30	37	5	680	700	do.		do.	do.	do.	do.	6	123—128	34—37	zl. weich, ähnl. 59 chl.

46	Rev. Polhora do.	49.30	37	5	850	520	frisch, kräftiger Lehm	60	1	wild	28. Okt.	do.	5	86—90	27—30	wurmstichig.
47	do. do.	49.30	37	5	850	520	do.	60	1	do.	do.	do.	4	81—90	25—30	S. Abbild. weich chl.
48	do. do.	49.30	37	5	850	520	do.	60	mehrere?	do.	do.	do.	4	113—123	30—33	ähnl. 127 wurmstichig.
49	Rev. Zakamene do.	49.30	37	2	700	670	trocken mager Lehm	40	1	do.	6. Nov.	do.	10	105—115	25—31	wurmstichig.
50	Rev. Podbjel Nordkarpathen	49.30	38	5	1030	340	humos, lehm. auf Kalk	70	1	do.	do.	do.	7	67—81	27	do.
51	do.	49.30	38	1	1080	290	trock., stein. Flußgeschiebe	80	1	do.	4. Nov.	do.	10	79—98	23—28	do.
52	Rev. Podbjel	49.30	38	5	1140	230	humos, Lehm auf Kalk	50	1	do.	6. Nov.	do.	4	85—90	28	do.
53	do.	49.30	38	2	1150	220	do.	40	1	do.	8. Nov.	do.	5	90—100	29	do.
54	do.	49.30	38	3	1230	140	dürrer steinig. Lehm	60	mehrere	do.	Nov.	do.	10	90—112	29	do.
55	Eisenstein (Böhmerwald)	49.5	30.50	2	1000	450	naß	40—50	2	do.	Oktober	Hörmann Forstverw.	9	64—80	24—28	zl. starr ähnl. 17 chl.
56	do.	49.5	30.50	4	1200	250	dürr steinig	70—80	2	do.	do.	do.	10	77—101	26—35	zl. weich do. 17 chl.
57	do.	49.5	30.50	4	1200	250	dürr	8	1	do.	do.	do.	7	81—93	24—28	do. do. 1a chl.
58	Rev. Frankenreuth Bayern	49.55	29.30	2	460	840	ziemf. frisch	67	1	do.	19. Nov.	do.	4	122—124	28	zl. starr do. 1a eryth.?
59	Ahornberg (Fichtelgeb.)	50	29.30	1	700	600	mäßig frisch	94	1 oder 2	do.	25. Okt.	Of. Denk.	5	104—127	29—25	S. Abb., starr eryth.
60	Ofr. Eberstadt	49.50	26.20	5	260	1040	do.	53	mehrere	angeb.	MitteNov.	Of. S. Joseph.	12	110—144	29—31	starr ähnl. 1a chl.
61	Hauptsmoorwald bei Bamberg	50	29.15	1	245	1055	frisch, Mergel	90	1	wild	Nov.	Fm. Dütsch.	8	120—147	34—37	do. 59 chl.
62	Kyllburg (Schnee=Eifel)	50	24.10	1	700	600	frisch, lehmig. Sand	60	1	angeb.	10. Dec.	Ofr.=Cand. Paar.	6	106—134	25—27	starr f. Abb. eryth.
63	do. (Eifel)	50	24.10	1	440	860	do.	50—60	1	do.	Decbr.	do.	5	109—128	26—28	zl. starr ähnl. 1a eryth.
64	Wald=Michelbach	49.40	26.30	3	220	1130	trocken	94	mehrere	do.	14. Jan. 78	Of. Frh. Schenk z. Schweinsberg	7	101—116	25—27	starr do. 59 chl.?
65	Bad Soden, Taunus	50.10	26.5	1	150	1110	frisch	50	1	do.	5. Nov.	Of. Schwab.	8	143—153	31—35	zl. weich ähnl. 118 chl.?
66	Ofr. Königstein Groß. Feldberg	50.10	26.5	3	850	410	mäßig frisch	60—70	1	wild	10. Nov.	do.	6	115—136	28—34	do. do. 1a chl.
67	Schleusingen Thüringen	50.30	28.25	4	520	680	trocken	110	1	do.	MitteNov.	Of. Deckert.	4	133—158	29—33	starr do. 59 chl.
68	do. Schleusinger Berg	50.30	28.25	2	610	590	do.	106	1	do.	do.	do.	4	137—142	29	weich do. 59 eryth.?
69A	Ofr. Erlau	50.30	28.25	5	460	740	frisch, bunt. Sandst.	100	mehrere	do.	Dec.	Of. Suabedissen.	A 2	130—144	24	do. do. 59 eryth.
69B													B 3	109—113	26—29	starr do. 59 chl.?
70	Rev. Klokocka (Nordböhmen)	—	—	2	250-360	900	frisch	—	do.	—	Winter	v. Purkyne.	—	—	—	
71	Park Weißwasser	50.30	32.30	2	290	910	trocken kalkhalt. Sand	45	1	wild	28. Okt.	do.	—	—	—	zl. starr ähnl. 59 eryth.
72	Weißwasser	50.30	32.30	2	350	850	frisch. lehm. Sand	80	1	do.	30. Okt.	do.	—	—	—	zl. weich do. 1a eryth.?
73	do. Park	50.30	32.30	4	270	930	trocken, kalkhalt. Sand	45	1	do.	25. Okt.	do.	—	—	—	starr do. 59 eryth.
74	Görbersdorf, Riesengebirge	50.50	33.50	5	600	550	humos	50	1	do.	27. Okt.	Strähler.	22	98—110	26—29	do. do. 17 chl.
75	Ofr. Kupp Regb. Oppeln	50.50	35.30	1	147	1000	ziemf. nasser Torfbd.	90—100	2	—	3. Nov.	Of. Krüger.	10	113—156	30—36	do. do. 127 chl.
76	Arnstadt, Thüringen	50.50	28.35	2	300	850	dürr	90	1	wild	10. Nov.	Wellendorf.	12	107—124	27—29	do. do. 59 chl.?
77	Neustaedter Forst, Thüringen	50.50	28.35	1	798	350	naß	80—90	1	do.	do.	do.	8	80—110	23—27	do. do. 33 chl.?
78	Ofr. Marburg	50.45	26.25	3	225	945	frisch	60	1	angeb.	30. Okt.	Of. Hertel.	10	110—120	28	wurmstichig ähnl. 17.
79	Olbernhau, Erzgebirge	50.40	31	2	530	650	do.	110	2	wild	28. Nov.	Forstm. Schaal.	—	—	—	—
80	Ofr. Neustadt Reg.=Bez. Cassel	50.50	26.45	1	233	920	do.	70	mehrere	angeb.	3. Dec.	Forstc. Wallis.	10	124—138	25—28	wurmstichig ähnl. 17.
81	do.	50.50	26.45	4	281	870	ziemf. trocken	50	1	do.	do.	do.	10	87—106	24—26	—
82	do.	50.50	26.45	1	272	880	frisch lehm. Sand	60	mehrere	ang.(wild?)	21. Nov.	do.	10	116—194	29—33	zl. starr ähnl. 33 eryth.?
83	do.	50.50	26.45	1	272	880	do.	60	do.		do.	do.	7	105—119	29—31	do. do. 59 eryth.
84	Cottenforst b. Bonn	50.45	24.40	4	200	970	dürr	60—70	1	angeb.	Nov.	F. Bommerich.	—	—	—	starr do. 1a chl.
85	Marschendorf, Riesengeb.	50.40	33.30	4	830	350	Lehm, humos	80—100	1	wild	do.	v. Purkyne.	1	137	33	do. do. 1a chl.
86	do.	50.40	33.30	4	830	350	do.	60—70	1	do.	Oktober	do.	1	94	26	wurmstichig.
87	do.	50.40	33.30	2	930	250	steinig. Lehm	80—120	1	do.	Nov.	do.	1	140	32	starr ähnl. 17 chl.
88	do.	50.40	33.30	4	100	1080	steinig	70—85	2	do.	13. Okt.	do.	1	123	30	do. do. 59 chl.
89	do.	50.40	33.30	5	1100	80	steinig wenig Humus	120	1	do.	Nov.	do.	1	81	25	verkümmert.
90	do.	50.40	33.30	2	1130	50	felsig, Lehm	95	1	do.	do.	do.	1	104	33	zl. weich ähnl. 33 chl.
91	do.	50.40	33.30	4	1130	50	lehmig	100	mehrere	do.	Oktober	do.	1	90	27	starr do. 59 chl.
92	do.	50.40	33.30	5	1330	0	sand. Lehm, steinig	85	1	do.	Nov.	do.	1	70	22	zl. starr. S. Abb.
93	do.	50.40	33.30	2	1330	0	lehm., stellenw. versumpft	100—120	mehrere	do.	do.	do.	1	87	26	starr ähnl. 59 chl.?
94	Kattenbühl Wesergebiet	51.25	27.20	2	300	760	frisch	20	1	angeb.	9. Nov.	—	10	91—132	31—32	zl. starr ähnl. 33 chl.
95	do.	51.25	27.20	2	350	710	do.	35	1	do.	do.	—	10	102—136	25—32	do. do. 33 eryth.?
96	do.	51.25	27.20	1	300	760	do.	25	1	do.	do.	—	10	128—149	29—30	starr do. 17 chl.
97	do.	51.25	27.20	2	350	710	do.	40	1	do.	do.	—	10	110—147	27—33	zl. starr do. 17 chl.
98	do.	51.25	27.20	3	300	760	do.	50	1	do.	do.	—	10	93—111	25—31	starr do. 59 chl.
99	do.	51.25	27.20	3	300	760	do.	50	1	do.	do.	—	10	110—131	27—30	do. do. 59 chl.
100	Göttingen Bot. Garten	51.25	27.25	4	—	—	trocken	30—40	1	do.	24. Okt.	Direction des Gartens	10	87—128	26—31	zl. starr do. 17 chl.
101	Gahrenberg	51.25	27.15	3	230	830	ziemf. trocken	70	1	do.	3. Nov.	—	10	99—114	28—35	do. do. 17 chl.?
102	do. Plateau	51.25	97.15	1	400	660	nasser Thon	25—30	1	do.	do.	—	10	91—110	26—29	starr do. 59 eryth.
103	do. do.	51.25	27.15	1	400	660	quellig	50—60	1	do.	do.	—	10	98—110	25—28	—
104	do. do.	51.25	27.15	1	400	660	nasser Thon	30	1	do.	do.	—	10	77—98	25—29	zl. starr ähnl. 17 chl.?

*) Es bedeuten: 1 = eben; 2 = N, NO; 3 = O, SO; 4 = S, SW; 5 = W, NW.

№	Herkunft der Samen. Ort des Samenbezugs.	Geographische Breite nördl.	Geographische Länge östl. v. F.	Lage gegen die Himmelsrichtung *)	Meereshöhe. Meter	Abstand von der oberen Verbreitungsgrenze. Meter	Boden.	Angaben über die Mutterbäume. Alter.	Zahl.	Angebaut oder wildwachsend.	Zeit des Sammelns.	Einsender.	Der gemessenen Zapfen Zahl.	Länge.	größter Durchmesser.	Bemerkungen.
	Picea excelsa.															
105	Thale (Harz)	51.45	28.50	2	330	670	—	680	1	wild	—	Of. Hanstein.	—	—	—	—
106	do.	51.45	28.50	4	330	670	—	680	1	do.	—	do.	—	—	—	—
107	Hasseröder Forst Harz	51.50	28.25	3	400	600	feucht, Granit	70—120	mehrere	do.	Samen-Ernte 1874	Of. Schwanecke.	—	—	—	—
108	do.	51.50	28.25	2	220	780	Thalboden, feucht	90	1	do.	20. Nov.	do.	10	116—137	26—31	zl. starr ähnl. 118 chl.
109	do.	51.50	28.25	3	350	650	feucht Granit	110—120	mehrere	do.	10. Nov.	do.	6	106—140	29—34	zl. weich ähnl. 59 eryth.?
110	Ofr. Clausthal Harz	51.45	28	2	630	370	frisch	100	do.	angeb.	Anf. Dec.	Of. Harms.	8	108—123	26—28	do. do. 59 eryth.?
111	Ofr. Quickborn Holstein	53.50	27.35	1	—	950	do.	32	do.	do.	28. Nov.	Of. Ernst.	10	112—141	29—33	zl. starr do. 17 chl.
112	Kiel, Instituts-Garten	54.20	27.50	1	20	950	dürr	60	1	do.	5. Okt.	Ass. Hennings.	4	105—125	27—30	do. do. 1a chl.
113	Ofr. Glücksburg	54.50	27.15	1	5	950	trockner Sand	40	1	do.	Anf. Nov.	Of. Kassuben.	11	99—118	26—28	do. do. 59 chl.?
114	Ofr. Schwartau	54	28.30	1	20	950	trocken	80	1	do.	15. Okt.	Of. Meyer.	3	150—172	31—33	do. do. 17 chl.
115	Ofr. Trappönen Ostpreußen	55	40	1	36	950	feucht	70—70	mehrere	wild	2. Nov.	Of. v. Schuckmann.	6	96—131	25—30	do. S. Abb.
116	Ofr. Alt-Sternberg	54.50	39.10	1	—	950	naß	60—70	1	do.	6. Nov.	Of. Schönebeck.	6	104—129	25—27	starr ähnl. 127 chl.
117	Ofr. Sobbowitz Westpreußen	54.15	36.15	1	150	850	feucht, sand. Lehm	60	1	angeb.	15. Dec.	Forstm. Schulze.	11	95—114	26—33	zl. starr ähnl. 127 chl.
118	Oliva, Königl. Garten	54.30	36.10	1	33	950	mittelfeucht	60—90	1	do.	Herbst	Garten-Direction.	2	89—148	31—33	zl. weich. S. Abb. chl.
119	Ofr. Schmalleningken Ostpreußen	55	40.10	1	—	950	Dammerde auf Ortstein	90	1	wild	12. Nov.	Of. Lizak.	10	80—101	26—29	starr ähnl. 127 chl. olivengrün
120	do. do.	55	40.10	1	—	950	do.	22	1	do.	do.	do.	8	94—106	26—28	starr ähnl. 59 chl.
121	Ofr. Ibenhorst do.	55.15	39	1	—	950	Sandboden feucht	60—65	1	do.	7. Nov.	Of. Art.	6	91—122	30	sehr starr ähnl. 118 chl. oliven-[grün
122(1a)	Lotzve, Croatien	45.30	32.30	1	660	1440	mäßig feucht	180	1	do.	Oktober	Forstgeom. Pfister.	1	148	38	starr ähnl. 115 chl.
123(1b)	Brod Moravice Croatien	45.30	32.30	1	660	1440	do.	60—70	1	do.	do.	do.	drchsch.	137	38	starr. S. Abb. chl.
124(1c)	do.	45.30	32.30	1	850	1250	do.	55—60	1	do.	do.	do.	do. [1	145	38	starr ähnl. 1a chl.
125)1d)	do.	45.30	32.30	1	850	1250	do.	55—60	1	do.	do.	do.	do.	168	39	do. do. 1a chl.
126	Dallwitz b. Lyck	53.50	40	1	150	820	trocken	90	1	do.	2. April 78	Dr. Sanio.	do.	122	31	do. do. 126 chl.
127	do.	53.50	40	1	150	820	do.	90	1	do.	do.	do.	do.	122	31	do. S. Abb. chl.
128	do.	53.50	40	1	150	820	do.	90	1	do.	4. April	do.	do.	104	30	ähnl. 127 monströs.
129	do.	53.50	40	1	150	820	do.	90	1	do.	do.	do.	do.	118	29	zl. starr ähnl. 59 eryth.?
	Pinus silvestris.															
1	Basel, Bot. Garten	47.30	25.15	4	—	—	dürr	40	1	angeb.	Ende Sept.	Gartendirection.	3	38—42	18—20	Schildform zw. 4 u. 55.
2	Innsbruck	47.15	29	4	1160	503	do.	50	1	wild	10. Nov.	do.	10	38—52	19—23	do. ähnl. 4.
3a u. b	do.	47.15	29	4	1400	263	do.	50—60	mehrere	do.	3. Nov.	do.	10	40—73	19—30	a und b s. Abb.
4	Bomperthal Tirol	47.20	29.20	4	1663	0	felsig trocken	60	2	do.	Oktober	Of. in Schwaz.	10	37—50	18—24	S. Abb.
5	Ofr. Markirch (Vogesen)	48.15	25	1	340	800	zieml. trocken	50	1	do.	8. Okt.	Of. Vogelgesang.	5	38—50	18—25	ähnl. 4.
6	do.	48.15	25	5	400	740	frisch	90	1	do.	5. Okt.	do.	6	47—50	20—22	zw. 4 u. 55.
7	do.	48.15	25	2	844	286	trocken	90	1	do.	10. Okt.	do.	7	37—42	14—18	ähnl. 4.
8	do.	48.15	25	3	920	220	zieml. frisch	100	1	do.	do.	do.	8	43—47	20—22	do.
9	Ofr. Kranzberg (Freising)	48.25	29.25	1	503	560	frisch. sand. Lehm	84	1	do.	Nov.	Of. Striegel.	10	32—50	15—22	do.
10	Rappoltsweiler Vogesen	48.10	24	1	720	430	trocken	120	mehrere	do.	12. Dec.	Of. Doinet.	—	—	—	—
11	Hohenheim	48.45	26.50	1	435	556	frisch	35	1	do.	3. Nov.	v. Nördlinger.	10	42—57	20—27	ähnl. 55.
12	Lützelhausen, Elsaß	48.45	25	5	950	50	dürr	80	1	angeb.	25. Okt.	O. Usener.	10	29—45	17—23	zw. 4 u. 3 b.
13	do.	48.45	25	4	550	460	do.	70	1	do.	15. Nov.	do.	10	35—42	21	zw. 4 u. 55.
14	Philippshütte Böhmerw.	49	31	4	—	—	trocken	70	1	—	Nov.	v. Purkyne.	—	—	—	—
15	Rev. Arva, Baralja Karpathen	49.30	37	5	630	570	frisch, humos Lehm	45	mehrere	wild	2. Nov.	Ofm. Rowland.	10	27—40	13—18	ähnl. 3 b.
16	Rev. Polhora, do.	49.30	37	1	800	400	guter Lehm	60	1	do.	5. Nov.	do.	10	32—44	16—23	zw. 4 u. 3 b.
17	do. do.	49.30	37	1	800	400	do.	60	1	do.	do.	do.	—	—	—	do.
18	do. (Beskiden)	49.30	36	1	860	340	frisch Lehm	20	mehrere	angeb.	2. Nov.	do.	10	30—40	20—23	ähnl. 3 b.
19	do. (Babiagora)	49.30	37	4	1160	40	mager, steiniger Lehm	120	do.	wild	29. Okt.	do.	10	35—47	20—23	zw. 4 u. 3 b.
20	do. do.	49.30	37	4	1160	40	—	60	do.	do.	28. Okt.	do.	10	34—46	17—22	do.
21	Brückelberg, Böhmerwald	49.5	30.50	5	950	250	trock. Glimmerschiefer	40	2	?	Nov.	Forstverw. Hörmann.	10	26—37	15—19	ähnl. 4.
22	Rev. Frankenreuth, Bayern	49.55	29.30	2	460	340	zieml. frisch	67	1	wild	19. Nov.	—	14	32—38	16—20	do.
23	Ofr. Eberstadt	49.50	26.15	4	325	475	mäßig frisch	64	mehrere	do.	Anf. Nov.	Ofr. Joseph.	10	40—45	20—22	do.
24	do.	49.50	26.15	1	100	700	trock. Diluvial-Sand	81	do.	do.	Mitte Dec.	do.	10	32—51	16—25	zw. 4 u. 55.

25	Ofr. Bessungen	49.50	26.15	1	100	700	zieml. trocken Sand	90	mehrere	wild	do.	Of. Muhl.	10	40—53	19—24	zw. 3 a u. 4.
26	Hauptsmoor, b. Bamberg	50	29.15	1	245	750	—	—	—	—	—	Fm. Dütsch.	—	31—44	15—21	ähnl. 4.
27	Waldmichelbach	49.40	26.30	5	200	600	trocken	80	1	wild	23. Jan. 78	Of. Frh. Schenk z. Schweinsberg	10	26—52	14—22	do.
28	Ofr. Kupp. Reg. Oppeln	50.50	35.30	1	147	580	trockener Sand	70	1	—	3. Nov.	Of. Krüger.	10	41—59	18—26	zw. 4 u. 55.
29	Arnstadt, Thüringen	50.50	28.35	2	300	425	dürr	90	1	wild	10. Nov.	Wellendorf.	20	38—60	18—27	ähnl. 4.
30	Gehren do.	50.35	28.35	2	535	215	do.	130	1	do.	6. Nov.	do.	10	41—58	20—26	do. 3 a.
31	Ofr. Marburg	50.45	26.25	2	250	490	zieml. feucht	50	1	angeb.	7. Nov.	Of. Hertel.	10	40—44	21	do. 4.
32	do.	50.45	26.25	5	290	450	trocken	50	1	do.	do.	do.	10	36—40	19	do. 4.
33	Queisthal, Schlesien	51	33	1	380	340	do.	80	1	wild	Nov.	Of. Bormann.	10	30—45	15—19	zw. 4 u. 55.
34	Ofr. Neustadt Reg. Cassel	50.50	26.45	4	281	445	zieml. trocken	60	1	wild?	3. Dec.	Fcand. Wallis.	10	44—58	20—25	do.
35	do.	50.50	26.45	1	313	410	trock. lehm. Sand	50—60	1	Anflug	do.	do.	10	49—55	23—28	ähnl. 45.
36	do.	50.50	26.45	1	223	500	frisch	60	1	wild?	do.	do.	10	43—54	23—26	do. 3 b.
37	do.	50.50	26.45	1	253	470	frisch lehm. Sand	80	mehrere	wild	21. Nov.	do.	10	49—60	23—29	do. 45.
38	do.	50.50	26.45	1	286	440	feucht	40	2	do.	3. Dec.	do.	10	31—48	—	do. 4.
39	Kattenbühl, Wesergebiet	51.25	27.20	1	350	350	sumpfig (Fichtenbestand)	20	meist 1	angeb.	9. Nov.	—	10	31—40	17—23	zw. 4 u. 55.
40	do. do.	51.25	27.20	1	350	350	do.	20	1	do.	do.	—	10	32—43	16—20	do.
41	Reinhardtswald do.	51.25	27.15	1	350	350	lehm. Sand	30	1	do.	3. Nov.	—	10	30—46	18—26	ähnl. 55.
42	do. do.	51.25	27.15	1	350	350	do.	30	1	do.	do.	—	10	41—55	18—24	do.
43	Ofr. Mollenfelde do.	51.25	27.25	1	350	350	verrafter Muschelkalk	18	2	do.	28. Okt.	—	10	37—53	19—28	do.
44	Ofr. Zöckeritz Muldegebiet	51.40	30	1	80	600	trock. gelegter Bruchboden	20	1	wild	Anf. Nov.	Of. Brecher.	4	42—47	20—26	zw. 3 a u. 55.
45	do.	51.40	30	1	80	600	do.	60	1	do.	do.	do.	10	50—57	22—28	S. Abb.
46	do.	51.40	30	1	80	600	do.	65—70	1	do.	do.	do.	4	33—35	15—16	ähnl. 4.
47	do.	51.40	30	1	80	600	do.	60—65	1	do.	do.	do.	4	44—47	20—23	zw. 4 u. 55.
48	do.	51.40	30	1	80	600	do.	70—75	1	do.	do.	do.	4	39—43	19—20	do.
49	do.	51.40	30	1	80	600	do.	75—80	1	do.	Anf. Nov.	do.	4	37—42	19—22	ähnl. 4.
50	Ofr. Börnichen	52	31.30	1	55	600	trocken	90	mehrere	do.	Herbst	Of. Stosch.	10	33—40	16—19	zw. 3 a u. 55.
51	Gr. Rietz	52.15	31.45	1	60	600	dürrer Sand	50	2	do.	31. Dec.	—	10	31—46	16—26	ähnl. 4.
52	Ofr. Schwartau	54	28.30	1	20	600	trocken	75	1	do.	—	Of. Meyer.	10	43—52	23—25	zw. 4 u. 55.
53	Greifswald	54.10	31	1	—	600	trock. lehm. Sand	80	1	do.	Nov.	Forstm. Wiese.	—	—	—	ähnl. 4.
54	Sobbowitz	54.15	36.15	4	150	500	feucht, lehm. Sand	90	1	do.	18. Nov.	Forstm. Schulze.	10	39—50	18—22	zw. 4 u. 55.
55	Kiel, Bot. Garten	54.20	27.50	1	10	600	trocken	60	1	angeb.	16. Okt.	Ass. Hennings.	10	35—43	19—22	S. Abb.
56	Schmalleningken	55	40.10	1	—	600	Sand, trocken	30	1	wild	3. Nov.	Of. Lizack.	11	35—49	19—27	ähnl. 3 a.
57	Ofr. Ibenhorst	55.15	39	1	—	600	Sand	85—90	1	do.	10. Nov.	Of. Art.	11	30—42	17—22	ähnl. 4.
58	Trappönen	55	40	1	—	600	dürr	80—90	mehrere	do.	21. Nov.	Of. v. Schuckmann.	10	44—61	22—27	zw. 3 a u. 4.
59	Dallwitz b. Lyck	53.50	40	1	150	500	do.	60	1	do.	2. April 78	Dr. Sanio.	1 mittl.	52	25	S. Abb.
60	do.	53.50	40	1	150	500	do.	90	1	do.	do.	do.	do.	33	17	ähnl. 4.
61	do.	53.50	40	1	150	500	do.	90	1	—	do.	do.	do.	61	27	ähnl. 3a.
	Pinus Pumilio.															
1	Rev. Dol b. Goerz	46	31.14	1	1130	Meist nahe der Grenze.	feucht Jurakalk	80—90	1	wild	5. Nov.	Forsting. Spanitz.	10	26—39	25—32	
2	do.	46	31.14	2	1480		steil	90—100	1	do.	do.	do.	10	25—41	16—21	
3	Seewald (Böhmerwald)	49.5	30.50	1	1340		trocken, felsig	60—80	?	do.	Anf. Nov.	Forstverw. Hörmann.	10	24—32	14—20	
4	Bairisch Eisenstein (Arberwald)	49.5	30.50	2	1476		dürr	?	1	—	Oktober	do.	—	ähnlich	ähnlich	
5	Rev. Nagyfalu Tatra-Geb.	49.10	37.50	3	1500		steinig und felsig	50	mehrere	wild	5. Nov.	Ofm. Rowland.	10	26—44	20—25	
6	do.	49.10	37.50	3	1500		do.	50	do.	do.	do.	do.	—	ähnlich	ähnlich	
7	Rev. Muttne Beskiden	49.30	37	4	1450		Karpathen-Sandstein	100	1	do.	2. Nov.	do.	—	25—30	17—23	
8	do.	49.30	37	4	1450		do.	100	mehrere	do.	do.	do.	10	25—30	17—23	
9	Rev. Polhora Babiagora	49.30	36.30	2	1700		kräft. steinig. Lehm	80	do.	do.	29. Okt.	do.	10	25—37	17—21	
10	do.	49.30	36.30	2	1700		do.	80	do.	do.	do.	do.	—	ähnlich	ähnlich	
11	Rev. Podbjel, Centralkarpathen	49.30	38.30	4	1300		mager, trocken auf Kalk	70	do.	do.	7. Nov.	do.	—	do.	do.	
12	do. do.	49.30	38.30	2	1400		trocken auf Granit	80	do.	do.	6. Nov.	do.	—	do.	do.	
13	Rev. Villanova do.	49.30	38.30	3	1520		trock. Lehm auf Kalk	60	do.	do.	3. Nov.	do.	—	do.	do.	
14	Marschendorf Riesengebirge	50.40	33.30	1	1260		sand. Lehm stellw. naß	100	do.	do.	Oktober	v. Purkyne.	1	30	18	
15	Isergebirge. (Schlesien)	51	33	2	460		humos	28	do.	angeb.	Nov.	Of. Bormann.	10	28—36	25	
16	do.	51	33	1	780		naß	60—80	do.	wild	Oktober	do.	10	25—42	17—23	
	Pinus uncinata.															
1	Grindelwald	46.30	25.40	2	1650	—	dürr	40	1	wild	do.	P. Bohren.	10	31—50	20—25	
2	Sigmaringen	48.5	26.50	1	630	—	ziemlich trocken	25	1	angeb.	1. Dec.	v. Fischbach.	1 mittl.	36	20	
3	do.	48.5	26.50	1	630	—	do.	25	1	do.	do.	do.	do.	40	18	
4	Rev. Polhora Karpathen	49.30	36.30	1	780	—	5-8' mächtiges Moorlager	50—60	mehrere	wild	30. Okt.	Ofm. W. Rowland.	10	26—37	18—22	
5	do.	49.30	36.30	1	780	—	do.	50—60	do.	do.	do.	do.	—	ähnlich	ähnlich	

*) Es bedeuten: 1 = eben; 2 = N, NO; 3 = O, SO; 4 = S, SW; 5 = W, NW.

№	Herkunft der Samen. Ort des Samenbezugs.	Geographische Breite nördl.	Geographische Länge östl. v. F.	Lage gegen die Himmelsrichtung.*)	Meereshöhe. Meter	Abstand von der oberen Verbreitungsgrenze. Meter	Boden.	Angaben über die Mutterbäume. Alter.	Zahl.	Angebaut oder wildwachsend.	Zeit des Sammelns.	Einsender.	Der gemessenen Zapfen Zahl.	Länge.	größter Durchmesser.	Bemerkungen.
	Pinus Mughus.															
1	Innsbruck Blasergipfel	47.15	29	5	2300	—	dürr	150—200	1	wild	2. Nov.	Direction d. bot. Gart.	10	29—41	19—24	
2	Bomperthal Tyrol	47.20	29.20	4	1700	—	trock. Bd. Kalkuntergrund	25	2	do.	Oktober	Of. in Schwaz.	10	33—46	20—26	
3	Bessungen (Darmstadt)	49.45	26.15	1	200	—	zieml. trocken	30—35	mehrere	angeb.	Anf. Nov.	Ofr. Muhl.	10	36—37	18—22	
4	Oliva	54.30	36.10	1	33	—	mäß. feucht	40—60	2	do.	Herbst	Gartendirection.	9	45—49	20—22	
5	Ulfshuus (Schleswig)	55.10	27.5	1	33	—	frisch. Lehm	30	1	do.	1. Nov.	Of. Kienast.	13	43—49	22—25	
6	Karlswahl	48.15	26.45?	1	760	—	naß	20	mehrere	do.	8. Nov.	v. Fischbach.	1 mittl.	—	—	
	Pinus Cembra.															
1	Grindelwald	46.30	25.40	2	1900	- -	dürre Halde	130	1	wild	Oktober	Pet. Bohren.	10	65—88	48—56	
2	Innsbruck (Blaser)	47.15	29	3	2200	—	dürr	150	mehrere	do.	2. Nov.	Direction d. bot. Gart.	9	43—66	36—48	
3	Bomperthal Tyrol	47.20	29.20	3	1700	cb. Grenz.	feucht. gut. Thonboden	100	4	do.	Anf. Nov.	Of. in Schwaz.	10	50—74	41—47	
4	Marburg Bot. Garten	50.45	26.25	1	180	—	feucht	60	1	angeb.	Oktober	Gartendirection.	10	48—78	36—47	
5	Göttingen do.	51.30	27.30	1	—	—	trocken	25—30	1	do.	24. Okt.	do.	10	42—61	32—43	
	Pinus austriaca.															
1	Baden, Niederösterreich	48	34	—	—	—	trockener Wienerkalk	—	—	angeb.	Dec.	v. Purkyne.	1 mittl.	70	31	
2	Siegmaringen	48.5	26.50	3	570	—	Dolomit	28	1	do.	1. Dec.	v. Fischbach.	do.	72	35	
3	Seebertingen	48.5	26.50	4	1600	—	trock. Kalk	25	mehrere	do.	17. Nov.	do.	do.	70	28	
4	Glosauer Hora (Böhmer Wald)	49.5	30.50	3	550	—	trock. stein.	45	?	do.	Nov.	v. Purkyne.	10	55—69	26—31	
	Pinus Strobus.															
1	Kottenforst b. Bonn	50.40	24.40	4	200	—	dürr, Grand	60—70	1	angeb.	Nov.	F. Bommerich.	5	97—111	—	
	Larix europaea.															
1	Grindelwald	46.30	25.40	3	1120	—	dürr (?)	100	1	wild	Oktober	Pet. Bohren.	10	24—35	17—20	
2	Innsbruck Trins	47.15	29	4	1400	—	dürr	70	1	do.	2. Nov.	Direction d. bot. Gart.	10	15—36	16—24	
3	do. Blaser	47.15	29	3	2000	—	do.	50—60	1	do.	do.	do.	10	23—40	15—26	
4	Bomperthal Tyrol	47.20	29.20	4	1663	—	flachgründig trock. auf Kalk	60	1	do.	1. März	—	—	22—31	15—18	
5	Basel Umgeg. Schauenburg	47.30	25.15	3	700	—	trock. Kalk	30—35	1	do.	5. Okt.	Direction d. bot. Gart.	10	20—32	14—20	
6	Ofr. Markirch, Vogesen	48.15	25	3	890	—	trock. Granit	35	1	do.	10. Okt.	Of. Vogelgesang.	7	21—25	13—15	
7	Lützelhausen, Elsaß	48.45	25	1	320	—	dürr	90	1	angeb.	15. Okt.	Of. Usener.	10	21—31	14—17	
8	Ofr. Eberstadt (Hessen)	49.50	26.15	1	397	—	frisch	55	1	do.	5. Dec.	Of. Joseph.	10	23—30	15—17	
9	Neu-Schmecks Centralcarpathen	49.30	38	4	1000	—	trock. steinig. Granit	80	1	wild	29. Okt.	Ofm. W. Rowland.	10	27—31	15—16	
10	do.	49.30	38	4	1000	—	do.	80	1	do.	do.	do.	10	24—30	14—18	
11	Podbjeler Rev. Karpathen	49.30	38	1	950	—	trock., stein. Lehm auf Kalk	60	mehrere	angeb.	6. Nov.	do.	10	18—29	12—17	
12	do.	49.30	38	5	1300	—	dürr auf Kalk	70	do.	do.	do.	do.	10	17—24	10—13	
13	Eisenstein (Böhmerwald)	49.5	30.50	5	1000	—	trocken	15	3	wild?	Oktober	Forstverw. Hörmann.	10	21—27	14—18	
14	Karlswahl	48.15	26.45?	1	930	—	trock. Kalk	65	1	angeb.	20. Nov.	v. Fischbach.	—	33	18	
15	Hauptsmoorwald b. Bamberg	50	29.15	1	245	—	frisch, Mergel	120	1	wild (?)	Nov.	Forstm. J. Dütsch.	10	21—33	14—20	
16	Ofr. Neustadt Reg. Cassel	50.50	26.45	1	13	—	frisch	40	mehrere	angeb.	3. Dec.	Forstcand. Wallis.	10	20—33	13—18	
17	Marschendorf Riesengebirge	50.40	33.30	3	30	—	dürr	50—60	1	do.	5. Okt.	v. Purkyne.	—	27	15	
18	do.	50.40	33.30	4	1 00	—	—	70—80	2	do.	13. Okt.	do.	—	25	14	
19	Göttingen, Bot. Garten	51.30	27.30	4	—	—	trocken	40	1	do.	Nov.	Gartendirection.	10	22—30	15—19	
20	Ofr. Marburg	50.45	26.25	5	230	—	dürr	60	mehrere	do.	20. Nov.	Of. Hertel.	10	27—33	15—18	
21	Minden, Bot. Garten	51.25	27.20	1	—	—	frisch	20	1	do.	19. Jan.	—	10	23—33	14—18	
22	Straßburg (Uckermark)	53.50	31.25	1	—	—	sand. Lehm	60	1	do.	15. Okt.	—	—	—	—	
23	Kiel, Institutsgarten	54.20	27.50	1	20	—	dürr	60	1	do.	8. Okt.	Aff. Hennings.	10	20—31	14—19	
24	Ofr. Sobbowitz	54.15	36.15	1	150	—	feucht, sand. Lehm	60	1	do.	15. Dec.	Forstm. Schulze.	10	22—37	16—21	
25	Ofr. Schwartau	54	28.30	1	20	—	frisch	70	1	do.	18. Okt.	Of. Meyer.	10	26—40	17—20	
26	Oliva Königl. Garten	54.30	36.10	5	33	—	mittelfeucht	60—90	2	do.	Herbst	Gartendirection.	10	29—35	14—17	
	Taxus baccata.															
1	Rev. Nagyfalu (Tatra-Gebirge)	49.10	37.50	3	1200	—	kräft. auf Kalk	70	mehrere	wild	29. Okt.	Ofm. Rowland.	—	—	—	

*) Es bedeuten: 1 = eben; 2 = N, NO; 3 = O, SO; 4 = S, SW; 5 = W, NW.

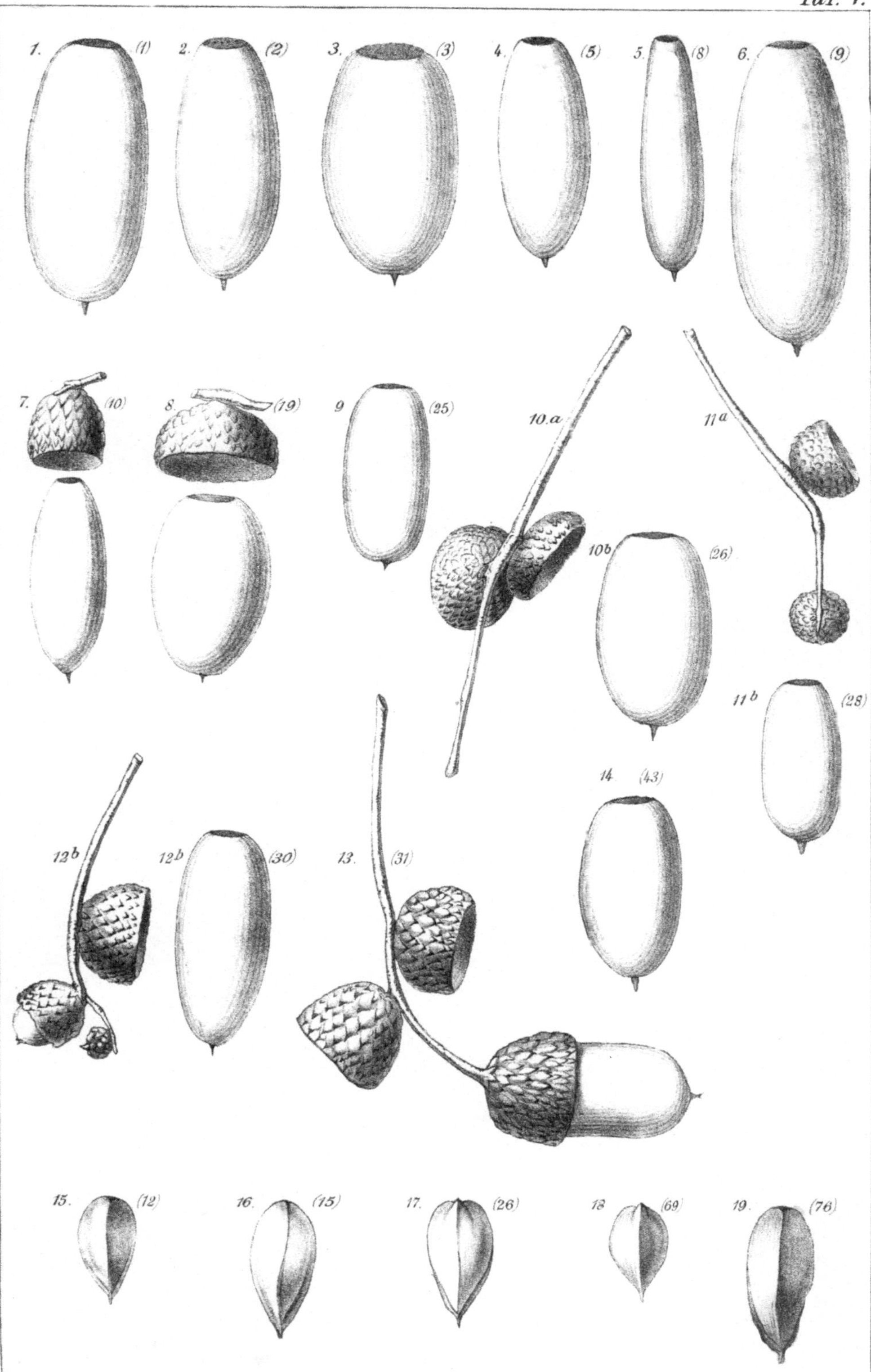

Gez. M. Kienitz Verlag v. Jul. Springer, Berlin. Lith. Anst. v. J. G. Bach, Leipzig

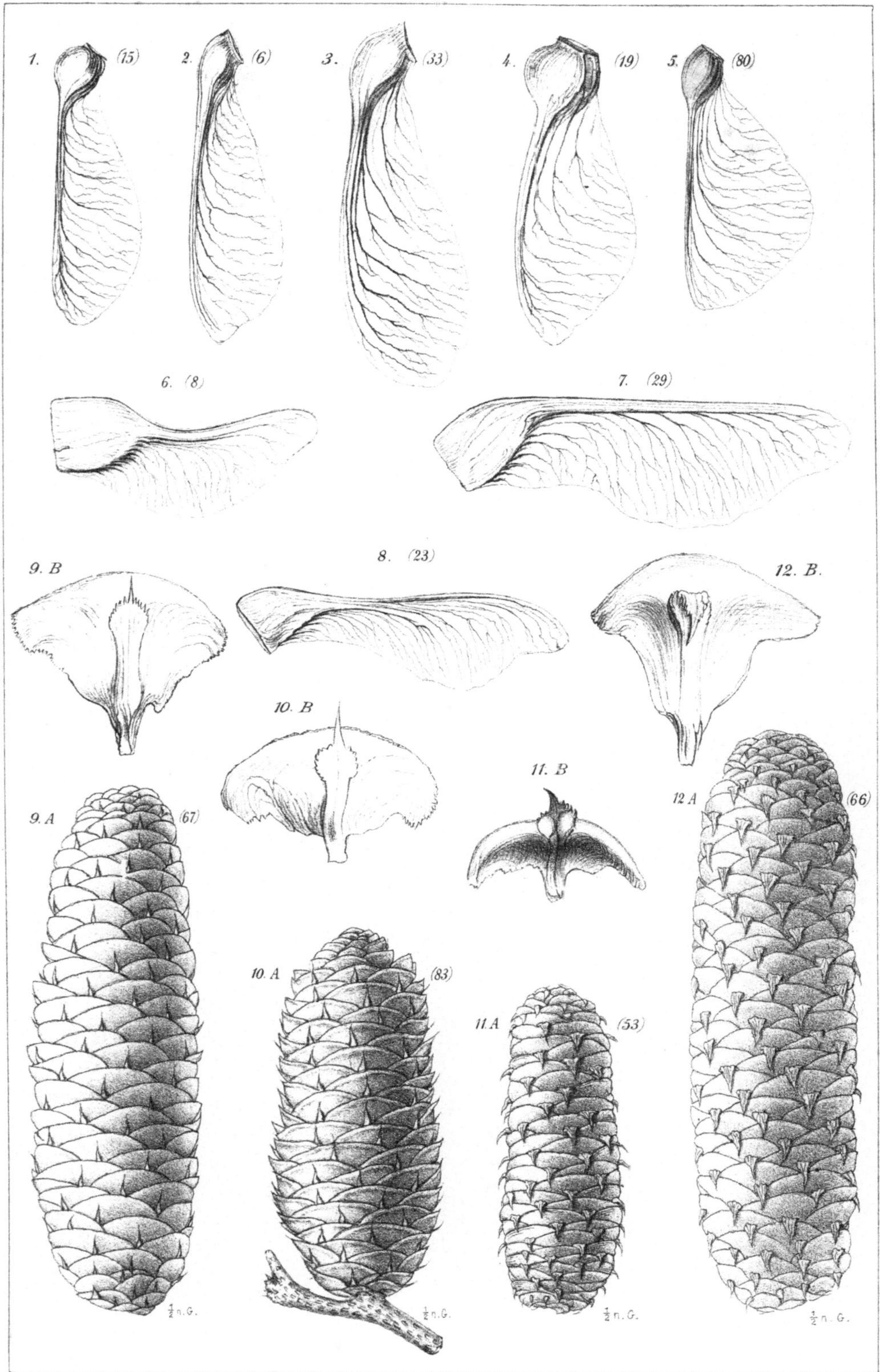

Gez. M. Kienitz. Verlag v. Jul. Springer, Berlin. Lith. Anst. v. J. G. Bach, Leipzig.

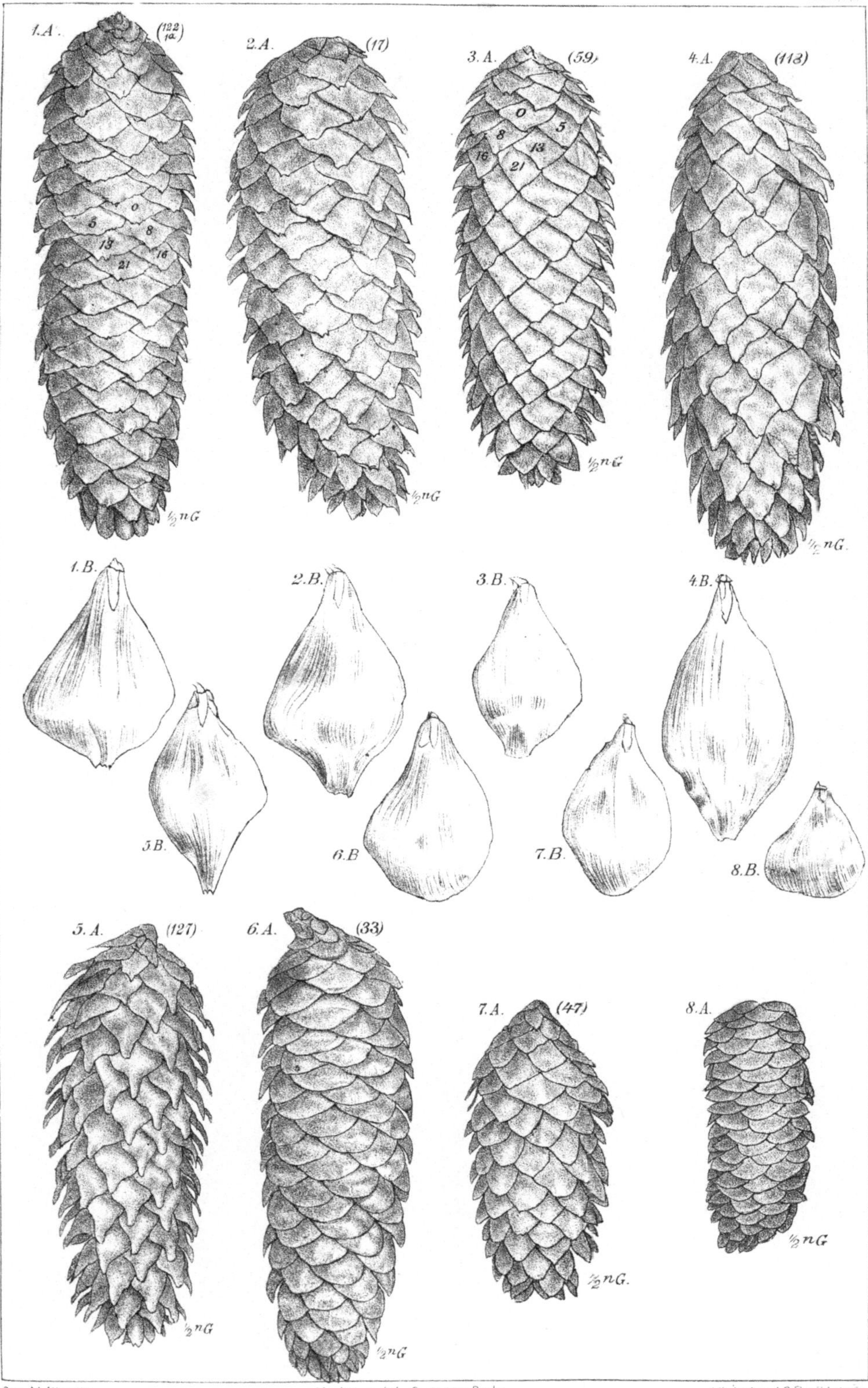

Gez. M. Kienitz

Verlag v. Jul. Springer, Berlin

Lith. Anst. v. J. G. Bach Leipzig

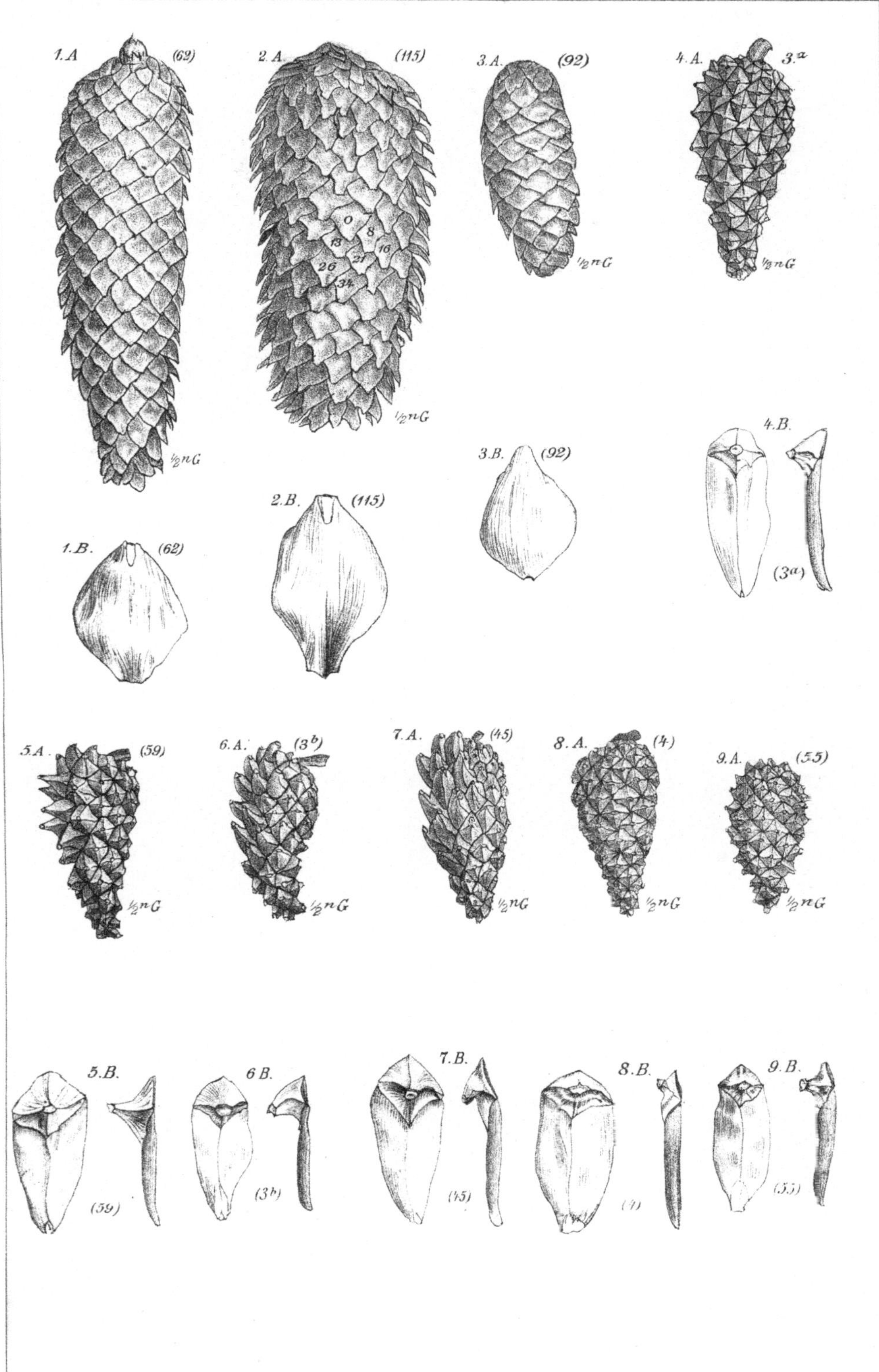

Gez. M. Kienitz
Verlag v. Jul. Springer, Berlin.
Lith. Anst. v. J. G. Bach, Leipzig